我的房子会思考

自己动手玩转智能家居

吴广磊◎编著

清华大学出版社

北京

内 容 简 介

本书首先通过描述一个具体智能家居的场景，带领读者进入智能家居的奇幻世界，然后一步一步实现各种炫酷的功能，对读者可能遇到的技术问题及时进行讲解，使读者能够理解并能玩转智能家居。全书共分 8 章，首先介绍了智能家居所能实现的功能、发展历程及实现原理，然后一步一步讲解如何自己动手控制电视、空调、热水器、电饭煲、各种灯具、窗帘等，并介绍室内智能空气质量检测、控制与智能安防的实现方法，最后通过几个特定场景的演示，使读者能够根据个性化需求自由搭配，打造更加炫酷的生活。

本书封面贴有清华大学出版社防伪标签，无标签者不得销售。
版权所有，侵权必究。侵权举报电话：010-62782989 13701121933

图书在版编目（CIP）数据

我的房子会思考：自己动手玩转智能家居 / 吴广磊编著 . —北京：清华大学出版社，2016
ISBN 978-7-302-41488-9

Ⅰ. ①我… Ⅱ. ①吴… Ⅲ. ①住宅－智能化建筑 Ⅳ. ① TU241

中国版本图书馆 CIP 数据核字（2015）第 212883 号

责任编辑：贾小红
封面设计：刘　超
版式设计：刘晓阳
责任校对：马军令
责任印制：何　芊

出版发行：清华大学出版社
　　　　网　　址：http://www.tup.com.cn，http://www.wqbook.com
　　　　地　　址：北京清华大学学研大厦 A 座　　邮　编：100084
　　　　社 总 机：010-62770175　　　　　　　　邮　购：010-62786544
　　　　投稿与读者服务：010-62776969，c-service@tup.tsinghua.edu.cn
　　　　质 量 反 馈：010-62772015，zhiliang@tup.tsinghua.edu.cn
印 装 者：北京鑫丰华彩印有限公司
经　　销：全国新华书店
开　　本：170mm×230mm　　印　张：13.75　　字　数：260 千字
版　　次：2016 年 1 月第 1 版　　　　　　　印　次：2016 年 1 月第 1 次印刷
印　　数：1～3000
定　　价：59.80 元

产品编号：063019-01

前言

Preface

清晨，你从迷蒙中睁开双眼，卧室的窗帘自动缓缓打开，顿时阳光洒满小屋。这时，轻柔的音乐开始缓缓响起，饮水机自动开始烧水。你简单地洗漱完毕，为自己做一顿营养丰富的早餐，刚端至桌前，电视便自动开启，新闻开始播放，于是你边看电视边享用早餐……

这种生活是不是很炫酷呢？你千万不要以为这是美国某部科幻大片中的生活场景，No，这就是智能时代带给我们的非同凡响的新居家体验！

关于本书

自 2014 年以来，智能家居的概念一下子又火了起来，对什么都好奇的我自然也想去研究研究。我翻看了大量的书籍和期刊杂志，并从互联网上搜寻了方方面面与智能家居相关的话题，目的只有一个：能够为自己的新居布置一套智能家居。可是非常遗憾，未能找到适合自己的方法。有些内容过多地讲述了智能家居的理论知识和未来趋势，读完之后收获很多，但却无从下手；有些内容专注于底层技术开发，很难应用于普通用户家庭之中；而一些由智能家居厂商提供的解决方案，则往往因为造价太高且功能过多，无法以合适的价格实现个性化按需定制。于是，我只能自己去慢慢摸索，寻找合适的解决方案。

幸运的是，经过持续不断的摸索，我终于找到了一套适合普通家庭用户的"家居智能化"方案，既操作简单，又价格实惠，还能实现个性化定制。如今，这套方案将伴随着本书的出版，呈现在各位读者面前，希望对读者有所帮助。

本书尽量避免过多地讲述概念性知识（这些知识读者可以从网络或其他书籍中获得）以及过深的底层技术知识（以免给读者带来太大的心理压力），而是专注于实际操作，并对操作过程中读者可能遇到的疑惑和问题进行归纳、讲解，使读者在自己动手实现所需功能的同时，能够积累知识，获得提高。

本书将一步一步地带领读者打造属于自己的智能生活，即便是从未接触过智能家居的读者，也能一周变身"技术达人"，不但能体验智能化的生活，还能在动手中体味 DIY 的乐趣和成就感。

本书结构

本书分 8 章进行讲解，第 1 章是总括性的，是理解后面各个章节的基础；第 2 ～ 7 章对控制家中各个设备的方法进行了详细讲解；第 8 章是对前面所学知识的灵活应用，通过各类设备的自由搭配，实现更多个性化的需求。

第 1 章　智能家居并不神秘。通过本章的学习，读者可对智能家居带来的安全、健康、舒适、便捷的居家体验有一个感性认识，对智能家居的发展历程有一个简单了解，并能对本书将要采取的智能家居方案、整体实现过程及原理有一个清晰认识。这些体验或认识，对于后面实战环节的学习，将有很大帮助。

第 2 章　初试身手——从控制电视开始。本章逐步讲解了如何控制家中的电视、空调、音响等红外遥控设备，并对实现的原理进行了介绍。通过本章的学习，读者即可收起家中那许多遥控器，用一部手机轻松实现对这些设备的个性化控制。

第 3 章　小试牛刀——到家能洗热水澡。本章详细讲解了利用手机控制家中热水器、饮水机、电饭煲等设备的方法，辅以清晰易懂的图片，使读者能更进一步理解智能产品带来的前所未有的居家体验，成为生活小达人。

第 4 章　懒人攻略——各种灯具随意开。灯具是室内重要的组成部分，而且种类各式各样。本章提供了多种控制灯光的方案，并对几种方案的特点进行了介绍。相比前面几章，本章需要对家中电路进行适当的改造，更加具有挑战性，因此本章也对需要用到的电路知识进行了简要概述。

第 5 章　温馨场景——窗帘也可自动化。通过本章的学习，读者能够实现对家中窗帘的遥控开启、定时开启以及其他个性化的设置，使得家中窗帘更加"智能化"。

第 6 章　健康生活——空气质量看得见。空气质量越来越受到人们的重视，通过本章的学习，读者可以实时查看室内的空气质量、温度、湿度等环境指标，并结合"联动"功能，使家中各个设备根据环境指标的变化，协同工作，"独自思考"。

第 7 章　了如指掌——智能安防保家安。本章对家庭智能安防实现方案进行了讲解，并通过一些生活小实例，加深了普通用户对家庭安防的认识。有了家庭智能安防，外出再也无须发愁，你可以随时随地对家中情况了如指掌。

第 8 章　自由搭配——打造炫酷生活。本章通过 3 个具体的场景，对家中灯光、电视、窗帘等多个设备的协调运作进行了展示，使读者能对智能家居有一个更加深入的了解，并能根据个人需求，打造出更加个性化的炫酷生活。

读者对象 ➤

如果你从未听说过智能家居，但对新鲜事物充满好奇，那么来吧，本书将会告诉你许多炫酷的生活方式，帮你将科幻大片搬进现实生活。

如果你已知道智能家居，但对它的了解却仅限于概念，同样，来吧！翻开本书，你才会知道智能家居并不是雾里看花，而是"手到擒来"。简单的操作，加上一部手机，你就可以摇身一变，成为居家达人。

如果你是一名智能家居 DIY 爱好者，也曾经尝试过一些智能化生活的体验，那么本书将告诉你一些多快好省的技巧——怎样才能最省钱、怎样才能对已有装修改动最小、如何整合琳琅满目的智能单品……

本书声明 ➤

1. 本书在编写过程中，为了表述方便，部分功能依托于某一具体产品进行演示。读者可在理解的基础上，选择合适的同类产品。

2. 受个人认识水平限制，虽然我已尽了最大努力，但书中仍难免有纰漏与不当之处，敬请广大读者提出宝贵意见。

3. 智能家居技术的发展日新月异，因此书中对某一问题的解决方法，后续可能会有更好的选择可以替代，这点谨请广大读者谅解。

4. 在阅读本书过程中，读者如有什么新的想法、好的建议，或是疑难问题，欢迎发电子邮件到 wuguanglei@foxmail.com 与我联系，我热切地希望和大家一起学习、交流。

感谢 ➤

感谢清华大学出版社的吴竞勇和贾小红编辑在我创作遇到困难时奉献的智慧点拨，没有他们的帮助，本书也无法与读者见面。

感谢周霞老师，书中部分功能的实验环节，是在她的帮助下测试完成的。

感谢广大读者朋友，你们的欣赏是我创作的永恒动力。

感谢我的父亲，在传统装修领域有多年经验的他，给了我很多技术上的答疑解惑。

最后要特别感谢我的妻子，在写作过程中她给了我很大鼓励。正是她的每天陪伴，使得本书得以顺利完成。

编　者

目录
Contents

第 1 章

智能家居并不神秘

近年来，安全、健康、舒适、智能的居家理念逐渐深入人心，智能家居颠覆了传统的居家生活理念，并带来了全新的生活方式。然而对于普通用户来说，智能家居带着几分神秘色彩，似乎离自己还很遥远。本章就为大家揭开智能家居的神秘面纱，展现一个人人可以玩转的智能家居。

1.1 小明的一天

这是小明的一天——

早上 6:30，迷蒙中睁开双眼，卧室的窗帘自动缓缓打开，随着温暖的阳光轻洒入室内，轻柔的音乐开始缓缓响起，饮水机自动开始烧水。

洗漱完毕，倒上一杯热水，准备享用早餐时，电视会自动开启，并切换至提前设置好的新闻频道，于是开始边看电视边享用早餐。

用过早餐，要上班了，电视、窗帘、背景音乐会自动关闭。锁好门，随手轻按手机，所有想要关掉的灯就会全部关闭，同时智能安防系统悄然打开。

上班路上，可以随时拿出手机查看家里的情况。还可以打开对讲，呼叫一下家里的狗狗。

下午下班前，拿出手机，提前打开家里的空调、热水器、电饭煲。进家门前，再轻按手机键，打开客厅的灯，于是，一进家门，温暖的灯光，舒适的温度，和着扑鼻的饭香，迎面而来，好不惬意。

享用完晚餐，舒舒服服地洗一个热水澡，赶走一天的疲惫。电视会在设定的时间自动打开，新闻、球赛、股市、大片、娱乐节目，想看什么就看什么。睡觉前，拿出手机轻点"睡觉"按键，窗帘会自动关闭，灯光会缓缓变暗，小明舒适地进入梦乡，明天又是美好的一天。

这样的生活是不是很炫酷呢？这就是智能家居带来的安全、健康、舒适、智能的居家体验。

读到这里，也许你会想："如此智能化的生活，恐怕只有比尔·盖茨、林志颖这样的有钱人才能享受吧？这离我们寻常百姓家是不是太遥远了？"

答案当然是否定的！事实上，我们不但可以拥有这样的生活，还可以通过自己的努力，亲手打造这样的生活。下面就来看看如何将梦想照进现实吧。

1.2 智能家居，将梦想照进现实

小明的生活方式，曾几何时只能在科幻电影里看到。我们常常会想：这种生活也许自己一辈子都不可能经历，它属于遥远的未来。

事实上，随着智能产品的发展，要实现日常家居的智能化并不难，能想到，就有可能实现。下面就看一下智能家居的发展及走进日常生活的趋势。

1. 智能家居的"前世今生"

智能家居的概念起源于美国，继美国之后，在韩国、日本、新加坡等国家，也得到了迅猛发展。在我国，智能家居发展得较晚，但发展速度很快，全国已经建立了一些具有一定智能化功能的住宅，但是由于这些智能家居解决方案基本上是利用综合布线技术，需要前期的线路施工和改造，造价较高，后期的维护也非常麻烦，价格昂贵，因此并没有得到普及。

随着物联网的迅猛发展，据 IDC 预测，到 2020 年，连入物联网的智能设备数量将接近 300 亿台，远远超过电脑＋手机＋平板电脑的总和。而这个市场的价值将达到3 万亿美元。

2014 年初，Google 宣布重金收购智能恒温器创业公司 Nest Labs，一时间智能家居这个数年前因物联网而出现的概念再度风行，国内许多智能硬件创业公司也纷纷成立，并陆续发布自己生产的智能单品；与此同时，智能手机、云技术等互联网技术的发展，也使智能家居进入普通家庭成为可能。

　　智能家居的发展是大势所趋，与"物"或"网"有关的企业都想参与进来。不只类似物联传感的智能家居创业公司看着、做着，家电商也都在想着、试着，互联网公司更是在盼着、玩着。所以，当我们看到 Google 公司豪掷 32 亿美元拿下智能家居设备提供商 Nest Labs，再投 5.55 亿美元拿下云端摄像头 Dropcam 时，就不应那么惊讶；看到苹果在其全球开发者大会上推出智能家居平台 HomeKit，也应不足为怪；看到三星推出智能手表、智能眼镜，又想以 2 亿美金收购智能家居平台 SmartThings 时，亦不值得大惊小怪。

2. 智能家居与我何干

　　随着智能手机、云技术等互联网技术的发展，现在几乎人手一部智能手机。这就为开启智能化生活准备了很好的条件。

　　第一，在 iOS、Android、Windows Phone 三大平台上，第三方软件供应商的积极性空前高涨，APP 开发技术也日渐成熟。不得不说，APP 便捷了每个人的生活。通过手机 APP 控制家中的设备，并自定义各种操作方式，这种方式不但易于接受，而且操作也很方便。

　　第二，随着各种智能硬件单品的推出，用户有更多自由选择的空间，只需要根据自己实际的需求，选择适合自己的智能单品组合，实现自己想要的功能即可，成本较低，灵活自由，更容易让用户接受。

　　第三，各个智能单品与智能手机以及家中设备间通信往往采用无线技术，降低了安装难度，对家中原有布局影响较小，用户接受程度大大提高。

　　随着对本书内容的学习，即使不了解智能家居的读者，也能在学习后运用各种智能单品打造自己的智能化生活。

1.3 你心中的疑惑

至此，读者心中可能会产生各种各样的疑惑，下面先解答几个可能存在的疑问。

问题1：家里房子已经装修好了，如果改造，会不会对家中的布局改动很大呢？

答：即使房子已经装修好，也可以去打造，而且几乎不需要对原有的线路进行变动，由于采用的是无线的方式，因此对家中的布局基本没有影响。

问题2：自己打造会花费很多钱吧？

答：不需要花费很多钱，因为只需要根据所需求的功能，增加相应的无线模块即可，而这些无线模块已经有很多成熟的产品可供选择，虽然这些产品的价格有高有低，但是本书中会提供一些性价比较高的组合，供读者参考，以节省开支，同时也避免选择的烦恼。

问题3：智能家居技术那么多，我能学会吗？

答：智能家居虽然会涉及网络、自动控制、电路等知识，但只要跟着书中的步骤操作，就可以将自己的家打造得智能化。

书中尽量避开技术细节和难点，用通俗易懂的语言去讲解，用清晰的分解步骤和图片加深读者的理解。当不可避免遇到一些难点时，会停下来仔细讲解，一定会让你玩儿得明明白白。

当然，如果你想更加深入地理解技术底层的内容，可能需要查阅相关书籍，而实现实际应用，书中的知识基本够用了。

好了，简单解答了上面几个问题，也许读者心中会生出更多的疑惑。在后面的章节里，将陆续解答大家可能存在的疑问，等读完整本书时，也许读者心中的疑惑都会得到解答。

上述内容，其目的是让读者坚定信心：通过本书的学习，确实可以自己去打造一套属于自己的智能家居，既经济实惠又炫酷，而且能够"知其然亦知其所以然"，玩儿得明明白白。

读到这里，也许你已经迫不及待想知道该怎么做了，接下来，就一起去看看我们的智能家居方案和整体的实现过程及原理吧。

1.4 我们的智能家居方案

通过前面的讲解，聪明的读者可能已经猜到我们所要选择的智能家居方案。没错，就是借助于无线技术，通过各个智能单品的精心组合，打造出需要的智能家居。

> 借助于哪些无线技术呢？有哪些智能单品可以选择呢？如何去打造呢？别着急，这些问题会在后面章节一一为大家解答。

选择上面的智能家居方案后，用户随之会面临如下两个难题：

（1）可选产品太多，无从下手

无论是传统的家电厂商，如海尔、LG、长虹等，还是传统的互联网公司，如百度、360等，均推出了自己的智能单品，另外一些新兴的互联网硬件设备创新公司，如Broadlink、Netseed等，也加入角逐之中，以各自的切入点进入智能家居领域，市面上各种各样的智能单品让人眼花缭乱，各种产品的相似性很高，让用户无从下手。

（2）各种智能单品很难实现互联互通

各种产品的互联互通是个难点，各个厂家都希望建立自己的平台，占据行业领先地位，并陆续发布自己的产品，但是各家产品有各自的特色，有些能够做到兼容，但是很多无法实现互联互通。如何进行各个产品的组合是用户非常头疼的问题，往往用户由于好奇买了一个个智能单品，结果并未能实现自己想要的功能。

如何解决上述难题呢？

其实，这些问题笔者早已遇到过，并已经"尝遍百草"，只为了实现好用又便宜。因此，按照书中介绍的方法，无须望而却步，通过简单的安装，就能得到一套性价比超高，功能炫酷的智能家居设备。

其实，通过对各家产品进行仔细研究，会发现很多类似产品所采用的技术也是非常相似的，不同产品价位不同，但仅仅可能是高价位产品中增加了一两项功能或者模具更精致一些而已。在本书的后面章节会陆续讲解相关的技术问题，理解原理之后再去挑选自己想要的产品组合，会得心应手，这样就不会再被各个产品表面的宣传和高深的技术指标所迷惑。

1.5　整体实现过程及原理介绍

在后面的章节会陆续讲解如何使用智能手机，借助于无线技术，通过各个智能单品的精心组合去控制家里的电视、空调、热水器、电饭煲、饮水机、灯光、电动窗帘等，以及实现环境质量监测与智能安防，不过为了避免陷入烦琐的细节当中，在动手之前，有必要从全局的角度去理解一下整体的实现过程以及基本的原理介绍，这对于理解后面章节的内容会起到一个提纲挈领的作用。

下面通过下图来讲解智能家居的整体实现过程及原理。

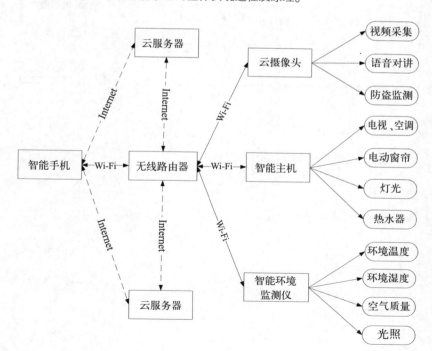

上图应该与大家从其他书籍或网络上看到的图不同，既不是详细的功能介绍图，也不是详细的技术原理图，当然此处刻意避免了上述两种情况，因为详细的功能介绍图虽然可以从宏观上知道可以实现的功能，但是对如何动手去实践帮助很少；而详细的技术原理图适合于专业的技术人员，对于DIY爱好者而言，可能会太过专业，会使人望而却步。我们的目的是为了实际动手操作，所以上图将功能图的部分与技术图的部分融合在了一起，对于进行实际动手操作很有意义。

也许初看上图，仍然觉得有些复杂，下面就对上图进行详细讲解。

先来看第一个信号流程，即下图红色框中的部分：

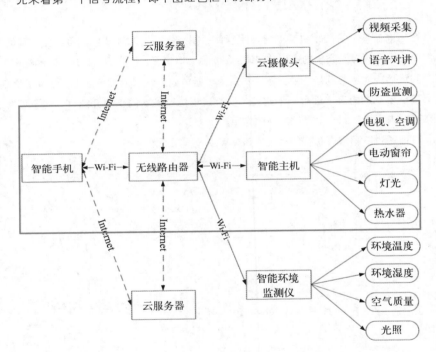

为了便于理解，将红色框中部分单独提取出来，如下图所示：

首先要选用智能手机，iPhone、Windows Phone 或 Android 手机均可。智能手机目前还不能直接控制家中设备，需与无线路由器建立连接，无线路由器会为智能手机分配 IP 地址，例如 192.168.1.100；然后将另一个智能主机设备也与无线路由器进行连接，无线路由器仍然会为智能主机分配 IP 地址，例如 192.168.1.101，这样，智能手机与智能主机就在一个局域网里，可以彼此通过网络协议进行通信，至于手机与智能主机进行通信的技术细节不需要深究，可以形象地理解为手机与智能主机现在已经是"邻居"了，这样手机就可以让智能主机设备实现一些功能以控制家中的设备。

　　智能主机与家中设备是通过无线技术进行通信的，包括红外技术、射频技术、Wi-Fi 技术、ZigBee 技术等，这些无线技术在后面的实战章节都会介绍，目前只需要知道智能主机与家中设备是通过无线技术进行通信的即可。

> 　　前面的内容可以总结如下：将智能手机与智能主机设备通过家中的无线路由器建立"邻居"关系，然后通过智能手机，就可以让智能主机控制家中的设备。

　　现在读者可能会提出这样一个问题：如果不在家里，那如何控制家里的设备呢？这就需要理解接下来要讲解的第二个信号流程，如下图所示：

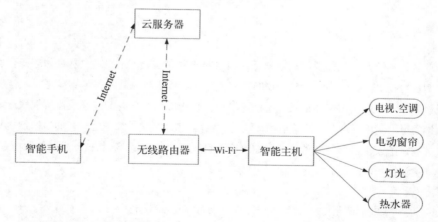

　　不在家里时，无法与家中无线路由器连接，这时可以通过手机的 2G/3G/4G 网络或者可以连接上 Internet 的无线网络，与云服务器连接，云服务器通过 Internet 与家中无线路由器进行连接，进而与智能主机进行连接，从而实现用手机控制家中设备的目的。

> 小贴士：如果想要在其他地方控制家中设备，一定要确保家中无线路由器可以连接上 Internet。

上面讲解的实战操作，将在书中第 2 ～ 5 章进行详细讲解。

接下来讲解环境质量监测功能实现原理，如果对前面讲解的第一个信号流程能够清晰理解，那么接下来的环境质量监测功能的原理介绍，应该能够很容易理解，如下图所示：

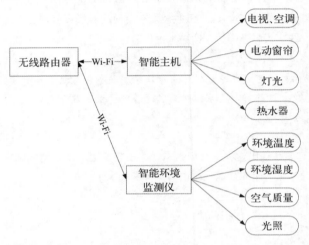

智能环境监测仪需要与家中的无线路由器先建立连接，无线路由器会为智能环境监测仪分配 IP 地址，例如 192.168.1.102，这样，智能环境监测仪与智能主机就能够通过家中无线路由器建立连接。智能环境监测仪内部含有各种智能环境监测模块（如环境温度、环境湿度、光照等监测模块），根据监测信息发出控制信号，通过智能主机去控制家中设备，例如，智能环境监测仪检测到室内 PM2.5 超标，将自动发送控制指令，开启空调换气功能及空气净化器。

> 家中设备可以"独立思考"，自动将环境参数调整到最适宜的状态。

用户可以通过智能手机与智能环境监测仪建立连接，实时查看家中环境参数，并对智能环境监测仪进行自定义设置。同智能手机与智能主机实现连接的原理类似，如果在家中，智能手机可以通过无线路由器与智能环境监测仪进行连接；如果不在家中，可以通过手机的 2G/3G/4G 网络或者可以连接上 Internet 无线网络与云服务器连接，云服务器通过 Internet 与家中无线路由器进行连接，进而与智能环境监测仪进行连接，如下图所示：

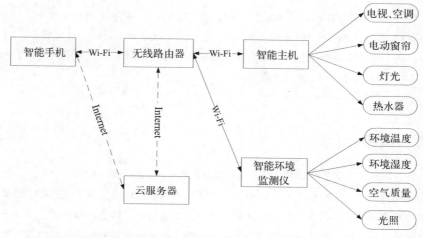

上面功能的实战操作，将在第 6 章进行详细讲解。

最后讲解一下智能安防的实现流程，如下图所示：

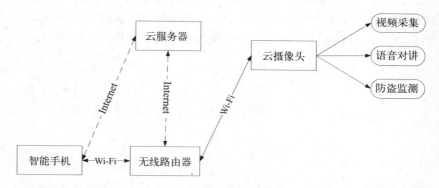

其中智能手机与云摄像头的连接原理，与手机和智能主机及智能环境监测仪的连接原理类似，这里不再赘述。智能手机连接上云摄像头后，就可以通过云摄像头实现家中视频采集、语音对讲、防盗监测等功能。

上面功能的实战操作，将在第 7 章进行详细讲解。

整个过程中各设备均是通过无线技术进行通信，因此动手操作起来非常便利，对家中布局影响非常小，各智能单品也有多种品牌和型号可选择。

上面提到的智能主机、云摄像头、智能环境监测仪也不需要我们去发明，均为各个公司生产的智能单品，我们可以进行精心的组合；至于云服务器，各个智能单品生产厂家也已经为我们提供了。

> "使用智能手机，借助于无线技术，通过各个智能单品的精心组合，去控制家里的电视、空调、热水器、电饭煲、饮水机、灯光、电动窗帘等，以及环境质量监测与智能安防的实现"，通过后面动手实践的讲解，你会对这句话的理解更加深刻。

1.6　本章小结

在对后面的章节进行学习之前，先对本章进行一下总结。

我们首先为大家构造了一个场景——小明的一天，通过这个场景我们初步感受了一下智能家居给我们带来的安全、健康、舒适、便捷的居家体验。紧接着，介绍了智能家居的发展历程，并简单说明了其他一些方案没有在普通用户中普及的原因；随后为大家解答了几个疑惑，目的是使大家坚定信心，我们确实可以自己独立打造出一套属于自己的智能家居，既酷炫又经济实惠，而且能够玩儿的明明白白；最后讲解了实现我们所需功能的具体流程和基本原理，对于我们后面的动手实践，非常有帮助。

接下来，请保持愉悦的心情一起进入实战环节，轻轻松松玩转智能家居吧。

◆ 读书笔记

重要

◆ 读书笔记

重要

第 **2** 章

初试身手——从控制电视开始

遥控器是电视机不可缺少的控制设备，用户需要通过其对电视进行操控，但是在日常生活中经常会遇到一时找不到遥控器的烦恼，另外还需要更换电池……总是带来一些小的麻烦。但智能家居中不用遥控器也能控制电视机。如何实现呢？本章将讲解如何用手机控制家中电视机，并实现更多个性化的功能，在此基础上，讲解如何控制其他红外设备。

2.1　要实现的功能

通过本章的学习，能够实现如下功能：

（1）通过手机控制电视，实现电视遥控器所有的功能。

（2）能够实现定时操作，例如，定时开关机、定时切换至指定频道等。

（3）控制其他红外设备，如空调、红外音响等。

2.2　原理探究

我们平时都是通过遥控器来控制电视，那么电视遥控器又是如何与电视建立连接进而实现控制电视的功能的呢？

下图是一款很普通的家用电视遥控器，遥控器前部有一个玻璃部件，这是红外发射管，而电视机的前部有红外接收头，从而实现通过遥控器控制电视。这里涉及红外编码和解码的问题，其中，遥控器里有编码电路，电视机里有解码电路，遥控器是通过一个编码器电路，将用户按下的按键数字转化为一组二进制数据，通过红外发射二极管发出肉眼看不到的红外线，把数据发送出去；而电视机，则装有红外接收电路，将接收到的数据转为控制命令，对电视进行控制。至于如何进行红外编码、红外解码，这里可以不去深究。

> 遥控器控制电视的过程可以简单理解为：每按电视遥控器上的一个按键，就能发出一个红外信号，这个红外信号含有按键的信息，然后电视的接收器就可以接收到信号，并根据接收到的信号中包含的信息进行相应的控制。例如，按遥控器上的静音键与菜单键，会发送不同信号，电视解码电路接收信号后，会进行对应操作。

明白上面的工作原理，自然可以联想到，有没有这样的一个设备，可以把电视遥控器上所有按键发出的红外信号"吃"了，等想要控制电视时，再根据需要把信号给"吐"出去？很幸运，确实有这样的设备，这个设备就是在第 1 章中提到的智能主机。智能主机内部有一些信号接收模块，其中就有红外接收模块，用来"吃"家里的红外遥控器发出的信号，"吃"信号也叫作"遥控学习"，所以智能主机有时也被称为"万能遥控"；同时智能主机也有一些红外发射模块，用来"吐"出"遥控学习"到的红外信号。

好了，学到这里我们将开始真正接触遇到的第一个智能单品——智能主机，下面就先了解一下可以控制家中设备的智能主机是如何构成的。

2.3　智能主机探究

目前市面上智能主机产品有很多，如 Netseed 智能生活管家、Broadlink RM2、家家智能遥控宝等。虽然这些产品的名字有所不同，内部芯片也有所差别，但其内部构成和实现的功能却基本相同，对于智能主机内部具体电路实现此处不去深究，仅仅讲解一下非常关键的几个模块，如下图所示。

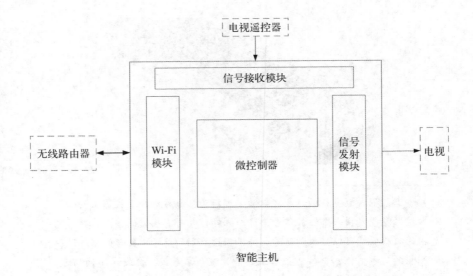

（1）Wi-Fi 模块

第 1 章中讲到，智能主机设备需要与家中无线路由器进行连接，无线路由器会为智能主机分配 IP 地址，这就是通过智能主机内部的 Wi-Fi 模块实现的。

（2）信号接收模块

智能主机可以学习电视遥控器发出的红外信号，红外信号的接收就是通过智能主机内部的接收模块来完成的。

（3）信号发射模块

智能主机控制电视，就是通过信号发送模块发送红外信号实现的。

> 智能主机内部的信号接收（发射）模块，基本上都能够接收（发射）红外信号，有些设备还可以接收（发射）315M/433M 射频信号。

（4）微控制器

微控制器作为智能主机的核心，相当于一个小而完善的计算机系统，可以控制其他各个模块完成所需的功能。

为进一步加深大家对智能主机的认识，下面展示一下市面上一款智能主机内部结构，以 Broadlink RM2 智能主机为例，如下图所示。

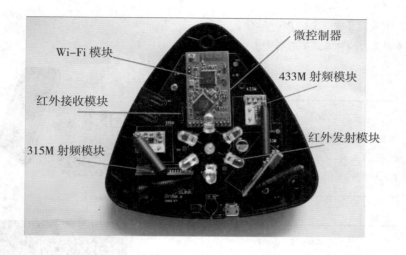

Wi-Fi 模块
微控制器
红外接收模块
433M 射频模块
315M 射频模块
红外发射模块

2.4 动手去做

目前已经掌握了实现控制电视功能所需要的知识，下面以 Broadlink RM2 智能主机为例，讲解如何操作（其他厂家智能主机操作方法基本相同）。

1. 前提条件

请确保家中无线路由器已经打开，如果需要使用智能手机 2G/3G/4G 网络的控制功能，请确保家中无线路由器已经连接上 Internet。

2. 下载安装智能主机 APP 软件

可以通过两种方式下载智能主机 APP 软件。

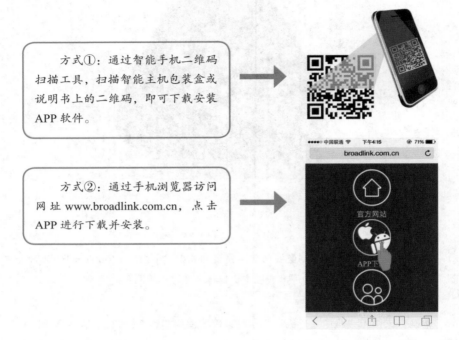

方式①：通过智能手机二维码扫描工具，扫描智能主机包装盒或说明书上的二维码，即可下载安装 APP 软件。

方式②：通过手机浏览器访问网址 www.broadlink.com.cn，点击 APP 进行下载并安装。

3. 安装智能主机设备

安装完智能主机 APP 软件后，需要正确安装智能主机设备，才能够实现手机与智能主机设备的连接。如下图所示为安装示意图。

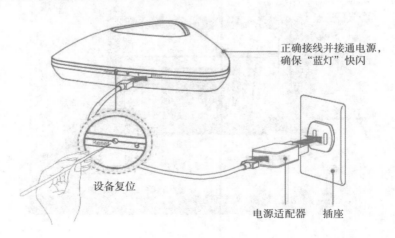

正确接线并接通电源，确保"蓝灯"快闪

设备复位

电源适配器　插座

智能主机设备实物安装图如下左图所示。当设备处于配置状态时，蓝色指示灯会快闪，如下右图所示。

若设备没有处于配置状态，则需将设备复位，只需用尖细的针或牙签长按Reset 键 3 秒以上直至蓝灯快闪即可。Reset 键位置见右图红色框标注处。

4. 手机连接智能主机

① 将手机连接至家中 Wi-Fi，这里连接 Wi-Fi 名称为 Emily 的无线网络。

② 在智能主机处于配置状态下（蓝色指示灯以 5 ~ 6 次 / 秒快闪），打开智能主机APP 软件，点击右上角的"+"按钮。

③ 在弹出的列表中选择"添加设备"选项。

④进入"添加设备"界面，输入 Wi-Fi 密码，点击"检测"按钮。

此时智能主机蓝灯慢闪至熄灭，表示设备配置成功。若不成功，则重复以上操作步骤，直至配置成功。配置成功后，在"设备列表"界面中会显示已经匹配的设备。

至此，完成智能手机与智能主机的连接。如果路由器可以连接互联网，那么不需要额外的配置，智能手机就可以在 2G/3G/4G 网络下与家中智能主机进行连接。

5. 实现遥控学习

①点击 APP 右上角的"+"按钮，在弹出的列表中选择"添加遥控"选项，进入"添加遥控"界面。

②在"添加遥控"界面选择"电视机"模块。

③主界面增加了"电视机"按钮，点击此按钮进入电视机遥控界面。

④如下右图所示为系统默认的电视遥控器界面，点击任意按键就可以学习电视遥控器。

⑤以学习遥控电视机开和关为例进行演示，点击开关按键。

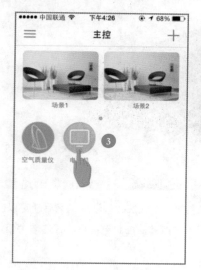

⑥弹出"等待学习按键"提示信息，智能主机设备黄色灯亮起，将电视遥控器对准智能主机设备，按下电视遥控器的开/关键，智能主机设备黄色灯熄灭，表示完成学习。

黄色灯亮起，实物图如下图所示。

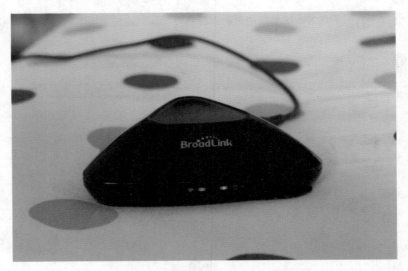

经过上面的几个步骤，已完成了电视遥控器开/关按键的学习，之后就可以通过手机APP中的开/关按键代替电视遥控器的开/关按键，控制电视机的开启与关闭。

可以通过类似步骤⑤和步骤⑥中的操作方法，去学习电视遥控器的其他常用按键。至此，可以通过手机控制电视，实现电视遥控器所有的功能。

> 在对一些按键的"遥控学习"中，还会遇到一个"组合键学习"的功能，顾名思义，就是一个按键可以学习多个遥控按键功能，大家可以尝试一下。

2.5 更多玩法

1. 定时开启

定时开启的功能非常有用，例如，希望晚上看一场自己喜欢的球赛，那么就可以通过定时操作，打开电视机并切换至想看的频道，再也不用担心错过想看的比赛。

下面以定时开机为例，讲解具体实现的步骤：

① 长按"电视机"界面的开 / 关按键。

② 在弹出的菜单中选择"定时开启"选项。

③ 设置开启时间。

④ 设置"重复"选项。

⑤ 设置定时任务名称，方便区分不同定时任务。

⑥ 各个选项设置完成后，点击"保存"按钮，保存定时任务。

7 回到电视机遥控器主界面，点击右上角的"…"按钮。

8 在弹出的列表中选择"定时"。

9 在"定时列表"界面可以查看已经保存成功的定时任务。

如果希望能够定时开启一系列按键功能，例如，定时开启电视、切换至体育频道、音量调至15等，需要和前面提到的"组合键学习"功能配合，自己尝试一下吧。

2. 自定义电视遥控器面板

如果对系统默认提供的电视遥控器面板不满意，可以通过自定义的方式实现个性化设置，下面讲解具体实现步骤：

❶点击 APP 右上角的"+"按钮，在弹出的列表中选择"添加遥控"，进入"添加遥控"界面。

❷在"添加遥控"界面选择"自定义 2"选项。

❸主界面增加了"自定义 2"按键，点击此按键进入个性化设置界面。

❹在个性化设置界面可以自定义面板信息，添加按键，自定义按键图标、名称、位置等，下面详细讲解一下"模板信息"和"排序－添加"两个选项。

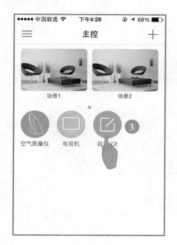

⑤在个性化设置界面点击"…"按钮，在弹出的列表中选择"模板信息"选项。

⑥进入"模板信息"界面，可以设置自定义模块的图标和名称。

⑦点击"头像"，可以通过拍照或者从相册选取已有图像作为自定义模块图标。

⑧点击"名称"，可以自定义模块名称，这里设置为"电视"。

⑨在个性化设置界面点击"···"按钮，在弹出的列表中选择"排序 – 添加"。

⑩进入"排序 – 添加"界面，可以添加和修改遥控按键，下面以添加"静音"按键为例，说明操作步骤。

⑪点击左上角的"+"按钮。

⑫进入按键设置界面。

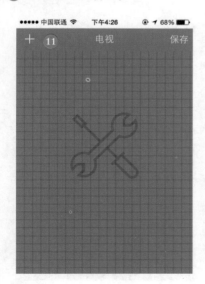

⑬点击"头像"，可以通过拍照或在相册、图库中选取图像作为按键图标。

⑭点击"名称"，可以自定义按键名称，这里设置为"静音"，点击右上角的"保存"按钮进行保存设置。

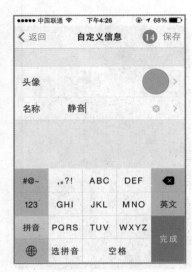

⑮此时，"排序－添加"界面增加了已经添加的"静音"按键。

⑯可以拖动"静音"按键至想要的位置，完成后点击"保存"按钮，最终完成"静音"按键的添加。

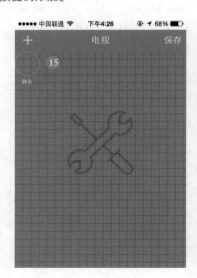
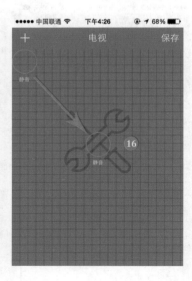

⑰添加"静音"按键后，在"电视"模块界面就能够看到已经添加的"静音"按键。

⑱用户可以按照自己的需要添加常用遥控按键，完成自定义遥控面板的添加，之后就可以对各个遥控按键进行"遥控学习"和"定时操作"。

 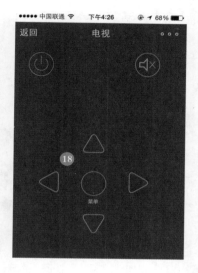

3. 实现对音响的控制

实现音响控制的方法与实现电视控制方法类似，为方便操作，同时加深印象，下面讲解一下如何添加音响控制面板。

> 这里需要注意，为实现用手机控制音响，需要音响具备遥控功能。

❶ 点击 APP 右上角的 "+" 按钮，在弹出的列表中选择 "添加遥控"，进入 "添加遥控" 界面。

❷ 在 "添加遥控" 界面选择 "音响" 选项。

❸ 主界面增加了 "音响" 按键，点击 "音响" 按键，进入音响遥控界面。

❹ 如下右图所示为系统默认的音响遥控器界面，点击任意按键就可以学习音响遥控器按键。

❺ 下面以设置音响遥控器 "静音" 键为例进行演示，点击 "静音" 按键。

⑥提示"等待学习按键",智能主机设备黄色灯亮起,将音响遥控器对准智能主机设备,按下音响遥控器的"静音"键,智能主机设备黄色灯熄灭,表示完成学习。

经过上面的几个步骤,已经完成了音响遥控器"静音"按键的学习,之后就可以通过手机APP的"静音"按钮代替音响遥控器的"静音"按键,控制音响静音的开关。

我们也可以通过类似步骤⑤和步骤⑥的操作方法去学习音响遥控器的其他常用按键。至此,我们可以通过手机去控制音响,实现了音响遥控器的所有功能。

> 关于音响的"组合键学习""定时开启""自定义遥控面板"等功能,可以仿照电视遥控器相关内容的讲解,这里就不再赘述。

4. 实现对空调的控制

前面已经实现了电视与音响的手机控制,实现空调控制也完全可以采用类似的方法,但是每次都需要逐个按键去学习有些麻烦,那有没有更简单的方法呢?

此处,可以利用厂家提供的"云空调"模块,一键即可快速匹配空调遥控器。下面讲解一下实现方法。

远程开启空调，清凉一夏

手机远程开启空调，到家便能享受清凉舒适的环境

"云空调"实现原理：为了方便遥控器按键的学习，智能主机厂家会大量购买主流空调遥控器，将其遥控器编码存储起来，称为"云码库"，这样，用户只需要学习自家空调遥控器的一个按键，即可通过"云码库"自动匹配家中空调遥控器编码信息，并下载编码。实际上这可以理解为是智能主机厂家的工作人员帮助我们完成了"一个按键一个按键"的学习过程。

有时"云空调"的编码匹配会失败，那么就需要"一个按键一个按键"地去手动学习，当然也可以致电智能主机厂家，提醒工作人员购置相应空调遥控器，完善智能主机"云码库"。

❶点击 APP 右上角的"＋"按钮，在弹出的列表中选择"添加遥控"选项，进入"添加遥控"界面。

❷在"添加遥控"界面选择"云空调"选项。

❸提示"等待学习按键",此时智能主机设备黄色灯亮起,将空调遥控器对准智能主机设备,按下空调遥控器开关、模式、温度加减等任意一个按键,智能主机设备黄色灯熄灭,表示匹配成功,即可在主界面出现云空调图标。

❹点击主界面云空调图标,进入"云空调"面板,在此界面,可以进行温度加减、风速调节、模式切换等设置。

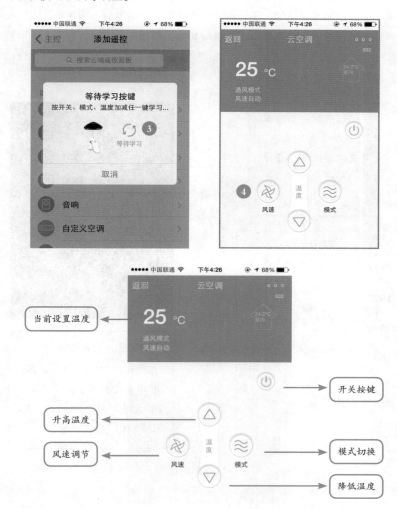

除了能够手动设置温度、切换运行模式外,还能够与后面章节将要讲解的智能环境监测仪配合,实现自动调节功能,详细介绍可参看第6章。

2.6 生活小实例

实例1 电视定时又定位，精彩节目不容错过

小明是一个体育迷，喜欢看各种体育比赛，但是由于工作繁忙，经常错过精彩的现场直播，这让小明非常懊恼。不过有了智能家居，小明再也不用担心了，现在小明通常会提前一周把各大体育赛事的比赛时间和播出频道查好，然后在手机上设置定时打开电视机并定位到想要收看的频道，如愿观看比赛。本周有很多精彩的体育赛事，下面一起来看一下小明是怎么安排的吧。

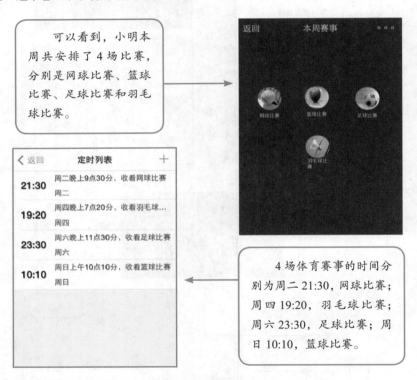

通过这些设置，小明再也不用担心错过精彩比赛了。

接下来利用前面小节所学到的知识，来讲解一下小明是如何实现上述功能的。

1. 添加"本周赛事"遥控面板

❶点击APP右上角的"+"按钮，在弹出的列表中选择"添加遥控"选项，进入"添加遥控"界面。

2 在"添加遥控"界面选择"自定义 2"选项。

3 此时,主界面增加了"自定义 2"按键,点击此按键进入个性化设置界面。

4 在个性化设置界面可以自定义面板信息,添加按键,自定义按键图标和名称、位置等。

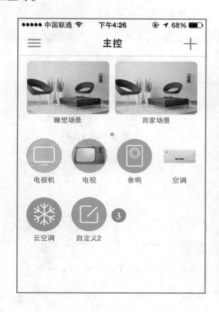

⑤ 在个性化设置界面点击右上角的"…"按钮，在弹出的列表中，选择"模板信息"。

⑥ 进入"模板信息"界面，可以设置自定义模块的图标和名称。

⑦ 点击"头像"，可以通过拍照或者从相册中选取已有图像作为自定义模块图标。

⑧ 点击"名称"，可以自定义模块名称，这里设置为"本周赛事"。

⑨在个性化设置界面右上角点击"…"按钮,在弹出的列表中,选择"排序-添加"选项。

⑩进入"排序-添加"界面,可以添加和修改遥控按键。

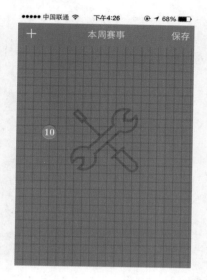

⑪点击左上角的"+"按钮。

⑫进入按键设置界面。

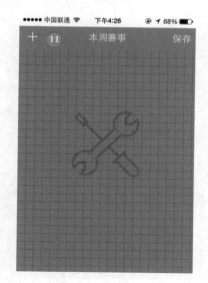

⓭点击"头像"，可以通过拍照或从相册、图库中选取图像作为按键图标。

⓮点击"名称"，可以自定义按键名称，这里设置为"网球比赛"，点击右上角的"保存"按钮进行保存设置。

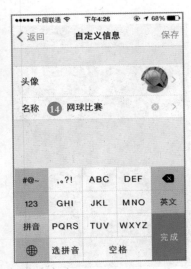

⓯此时，"排序－添加"界面增加了"网球比赛"按键。

⓰可以拖动"网球比赛"按键至任意想要的位置，完成后点击"保存"按钮，完成"网球比赛"按键的添加。

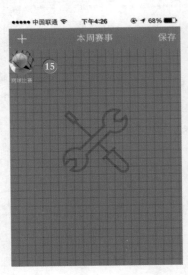
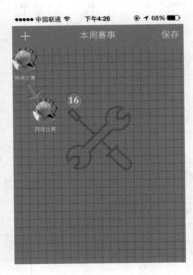

⑰添加"网球比赛"按键后，在"本周赛事"界面就能够看到已经添加的"网球比赛"按键。

⑱用同样的方法，可以添加"篮球比赛""足球比赛""羽毛球比赛"等其他按键。

2. 设置"本周赛事"定时操作

①点击"网球比赛"按键，从弹出的菜单中选择"组合键学习"选项。

②进入"场景编辑"界面，在这里可以添加要执行的命令，点击添加指令图标。

③ 从弹出的菜单中选择"已学习按钮"选项。

④ 进入控制列表，提示"选择一条控制命令，添加到场景"，选择"电视机"。

⑤ 在电视机遥控面板点击电视机开 / 关按键。

⑥ 输入所选按键要执行的命令名称，这里设置为"打开电视机"，点击"确定"按钮，完成命令的添加。

⑦此时，场景编辑界面已经增加"打开电视机"命令。

⑧点击"打开电视机"命令上方的时间标签，可以设置执行"网球比赛"定时任务后多长时间执行"打开电视机"命令。

⑨从弹出的菜单中设置时间为2.0sec，点击"确定"按钮，那么执行"网球比赛"定时任务时，2秒后才会执行"打开电视机"命令。

⑩经过以上步骤，完成"网球比赛"定时任务"打开电视机"命令的添加。

⑪用同样的方法设置打开电视机5秒后，切换至CCTV5频道。

⑫所有命令设置完成后，点击右上角的"保存"按钮，完成"网球比赛"的设置。

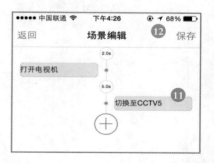

⑬设置完成"网球比赛"后，如需立即执行该操作，只需在手机APP主界面点击"本周赛事"按键，进入遥控面板后点击"网球比赛"按键即可。

⑭由于需要定时执行"网球比赛"命令操作，因此长按"网球比赛"按键，从弹出的菜单中选择"定时开启"。

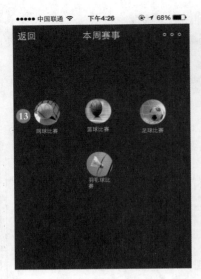

⑮设置开启时间为 21:30。

⑯设置"重复"选项为"周二"。

⑰设置定时任务名称为"周二晚上 9 点 30 分，收看网球比赛"。

⑱各个选项设置完成后，点击"保存"按钮，保存设置，便可完成定时收看网球比赛的功能设定。

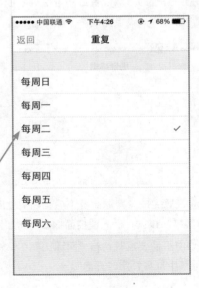

⑲ 在定时列表中可以查看已经添加的定时任务。

⑳ 用同样方法添加其他体育赛事的定时任务。

实例2　手机代替遥控器，方便省心省电池

大家可能会有这样的烦恼：家里各种电器配备各种遥控器，想要打开一个电器，就要找到对应遥控器，不过智能家居可以帮大家解决这个问题，一部智能手机便可将家中遥控器统统"装起来"，再也不用为找不到遥控器而烦恼，也不用总是更换电池，既经济又实惠。

家里还有哪些遥控器？用本章学到的知识，把遥控器"装进"手机里吧。

2.7 本章小结

通过本章的学习，大家应该已经可以丢掉家中很多遥控器，用一部手机轻松控制家中电视、空调、音响等红外遥控控制的设备。在进行后面章节的学习前，先对本章进行一下总结。

本章一开始就明确了要实现的目标，使大家对本章要实现的功能有一个清晰的认识；然后对实现的原理进行了讲解，使大家做到"知其然亦知其所以然"；紧接着讲解了遇到的第一个智能单品——智能主机设备，对其内部模块进行了简单的介绍；最后详细讲解了对电视、音响、空调的控制以及一些自定义功能的实现方法。

不知细心的读者有没有注意到，前面所有玩法都有一个前提，那就是必须要有遥控器控制的设备，才能够实现用手机来控制。在后面的章节中将会逐步突破这个限制，去控制更多的设备。让我们一起踏入后面章节的学习之路吧。

读书笔记

重要

📖 读书笔记

重要

第 **3** 章

小试牛刀——到家能洗热水澡

忙碌了一天，如果回家的路上就能打开家中的热水器，一到家就可以舒舒服服地洗一个热水澡，是不是非常惬意？

本章主要介绍如何用手机控制家中的热水器，以及实现更多个性化功能的方法和技巧。在此基础上，进一步介绍如何控制饮水机、电饭煲等其他家用设备。

3.1 要实现的功能

通过本章的学习，能够实现如下功能：

（1）通过手机控制电热水器。

（2）实现定时操作，例如，定时开启热水器、定时关闭热水器等。

（3）用同样的原理，实现对电饭煲、饮水机等设备的控制。

3.2 原理探究

第 2 章中介绍了如何通过手机控制电视、音响、空调等设备，并对其实现原理进行了介绍，本章实现手机控制热水器也使用了类似的方法。

> 先来简单回顾一下手机是如何控制电视的。
> 手机与智能主机通过无线路由器连接，智能主机学习电视遥控器的按键，从而实现手机通过智能主机，代替电视遥控器控制电视。

能不能用智能主机去学习热水器遥控器呢？对于遥控式热水器当然可以这样做，但很可惜，很多家庭使用的热水器都是不带遥控器的。因此，要解决的首要问题就是——为热水器增加一个遥控功能。

如何为热水器增加遥控功能呢？技术达人可以通过更改热水器的内部电路构造来为其增加遥控功能，但如果不懂相关的技术只能"干瞪眼"了。事实上，这样做不但烦琐，而且会增加安全隐患，因此我们并不推荐这种方法。

有没有更灵巧、更简单的方法呢？例如，有没有一些外置的智能单品，可以使热水器具备遥控功能呢？非常幸运，确实有这样的设备，那就是智能无线插座。

通过控制智能无线插座的接通与断开，用户可以轻而易举地来控制热水器的功能。

智能无线插座是另一类智能单品设备，下面就来认识一下。

3.3 认识智能无线插座

目前，市面上的智能无线插座产品有很多，主要包括智能红外无线插座、智能射频无线插座、智能 Wi-Fi 无线插座和智能 ZigBee 无线插座等。

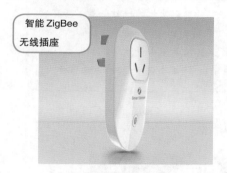

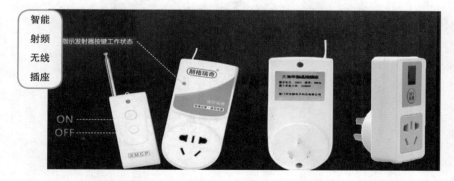

智能无线插座内部主要由两部分构成：无线通信模块和继电器模块。无线通信模块用来接收手机或遥控器发出的无线信号，作为控制信号控制内部继电器模块的开断，进而控制电路的开断。

智能无线插座

> 继电器是一种电控制器件，是当输入量（激励量）的变化达到规定要求时，在电气输出电路中使被控量发生预定的阶跃变化的一种电器，具有控制系统（又称输入回路）和被控制系统（又称输出回路）之间的互动关系。继电器通常应用于自动化的控制电路中，实际上是用小电流去控制大电流运作的一种"自动开关"，故在电路中起着自动调节、安全保护、转换电路等作用。

为进一步加深读者对智能无线插座的认识，下面为大家展示一下市面上一款智能无线插座——柏煌 BH0305 射频无线插座的内部图。

继电器模块　　　　　　　　　　　　无线通信模块

> 目前市面上各类智能无线插座的优缺点：
> ☆ 智能 ZigBee 无线插座价格昂贵，普及度不高。
> ☆ 智能 Wi-Fi 无线插座价格略高，市面上有很多种类的产品可供选择。
> ☆ 智能射频无线插座市场普及时间较长，价格相对适中，与市面上大多数智能主机设备能够兼容。
> ☆ 智能红外无线插座价格最便宜，但是额定功率一般较低。

考虑到目前市面上射频无线插座可选择产品众多，价格适中，并且各个智能主机基本上都会支持315M/433M射频设备，因此此处采用射频无线插座，以柏煌BH0305射频无线插座为例进行讲解。

3.4　动手去做

1. 安装智能射频无线插座

市面上的射频无线插座一般会配有双键遥控器，双键遥控器上的两个按键分别用于控制射频无线插座的开和关。

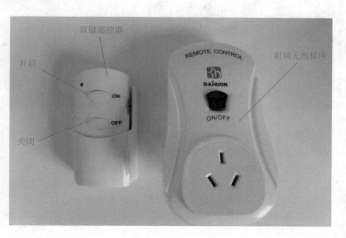

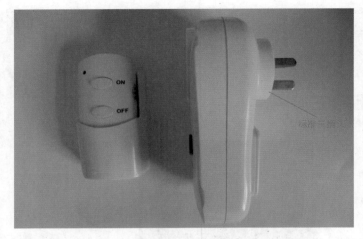

　　将射频无线插座插进家中的插座上，并将热水器插头插入射频无线插座上，即可通过射频无线插座自带的遥控器来控制射频无线插座的开和关，进而实现对热水器的控制。

　　目前市面上射频无线插座种类繁多，购买时要注意以下几点：

☆ 注意射频无线插座最大负载功率应该大于家中热水器额定功率。

☆ 为了能与智能主机匹配，射频无线插座应为射频 315M 或 433M。

☆ 射频无线插座内部控制开关应该采用 30A 大功率继电器。

☆ 射频无线插座应为新国标插座，背面标准三插头，符合国家标准。

2. 为手机添加热水器遥控面板

为了实现通过手机控制热水器的功能，需要在手机所安装的智能主机 APP 软件内添加热水器遥控面板，具体方法如下：

❶点击 APP 右上角的"+"按钮，在弹出的列表中选择"添加遥控"选项，进入"添加遥控"界面。

❷在"添加遥控"界面选择"自定义 2"选项。

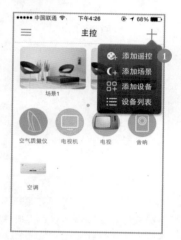

❸主界面增加了"自定义 2"按键，点击该按键进入个性化设置界面。

❹在个性化设置界面可以自定义面板信息，添加按键，自定义按键图标、名称、位置等。

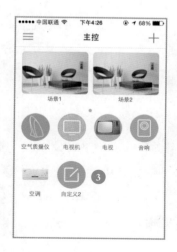

⑤ 在个性化设置界面点击"…"按钮，在弹出的列表中选择"模板信息"选项。

⑥ 进入"模板信息"界面，可以设置自定义模块的图标和名称。

⑦ 点击"头像"，可以通过拍照或者从相册选取已有图像作为自定义模块图标。

⑧ 点击"名称"，可以自定义模块名称，这里设置为"热水器"。

⑨在个性化设置界面点击"…"按钮，在弹出的列表中选择"排序 – 添加"选项。

⑩进入"排序 – 添加"界面，可以添加和修改遥控按键，下面以添加热水器"开启"按键为例说明操作步骤。

⑪点击左上角的"+"按钮。

⑫进入按键设置界面。

⑬点击"头像"，可以通过拍照或在相册、图库选取图像作为按键图标。

⑭点击"名称"，可以自定义按键名称，这里设置为"开启"，点击右上角的"保存"按钮进行保存设置。

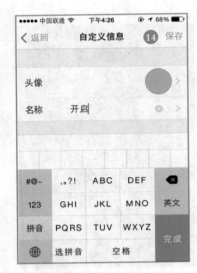

⑮此时，"排序 – 添加"界面增加了"开启"按键。

⑯可以拖动"开启"按键至想要的位置，完成后点击"保存"按钮，完成"开启"按键的添加。

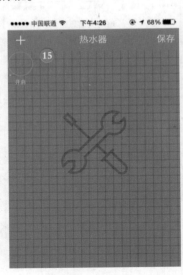
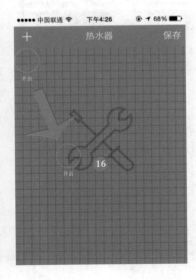

⑰添加"开启"按键后，在"热水器"模块界面就能够看到已经添加的"开启"按键。

⑱用类似的方法，添加热水器"关闭"按键，完成自定义遥控面板的添加。

 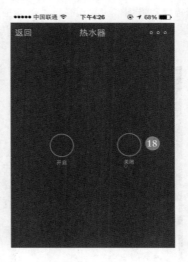

3. 学习射频无线插座遥控器开 / 关按键

添加完热水器遥控面板后，接下来需要智能主机学习射频无线插座的射频遥控器按键，过程与学习电视遥控器方法类似，下面进行详细介绍。

❶打开智能主机 APP 软件，点击"热水器"按键，进入热水器遥控面板。

❷在热水器遥控面板点击"开启"按键。

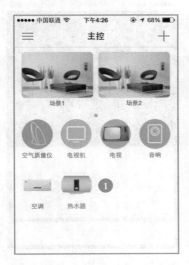 

③从弹出的菜单中选择"单键学习"选项。

④弹出"等待学习按键"提示信息，智能主机设备黄色灯亮起，将射频无线插座双键遥控器对准智能主机设备，按下遥控器的 ON 键，智能主机设备黄色灯熄灭，表示完成学习。

⑤在热水器遥控面板点击"关闭"按钮。

⑥从弹出的菜单中选择"单键学习"。

⑦提示"等待学习按键",智能主机设备黄色灯亮起,将射频无线插座双键遥控器对准智能主机设备,按下遥控器的 OFF 键,智能主机设备黄色灯熄灭,表示完成学习。

⑧学习完射频无线插座双键遥控器的 ON/OFF 按键之后,就可以通过手机 APP 热水器遥控面板的"开启"和"关闭"按钮代替其 ON/OFF 按键,从而控制热水器的开和关。

3.5 更多玩法

1. 定时开关热水器

工作一天,如果在下班前就可以定时打开热水器,30 分钟后能够自动关闭热水器,一到家就可以洗上一个舒服的热水澡该多好。通过定时操作就可以实现上述功能。下面讲解具体实现步骤:

① 打开智能主机 APP 软件,点击"热水器"按键,进入热水器遥控面板。
② 在热水器遥控面板长按"开启"按键。

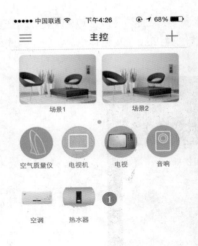

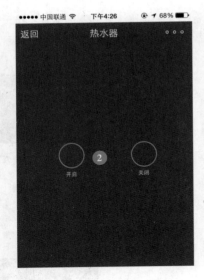

③ 在弹出的菜单中选择"定时开启"选项。

④ 设置开启时间为 17:30。

⑤ 设置"重复"选项为"执行一次"，也可以按照个人需求设置。

⑥ 设置定时任务名称为"下午 5:30 开启热水器"。

⑦ 各个选项设置完成后，点击"保存"按钮，保存定时任务，完成定时开启热水器的功能设置。

⑧在热水器遥控面板长按"关闭"按键。

⑨在弹出的菜单中选择"定时开启"。

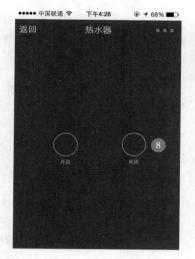

⑩设置开启时间为 18:00。

⑪设置"重复"选项为"执行一次",也可以按照个人需求设置。

⑫设置定时任务名称为"下午 6:00 关闭热水器"。

⑬各个选项设置完成后,点击"保存"按键,保存定时任务,完成定时关闭热水器的功能设置。

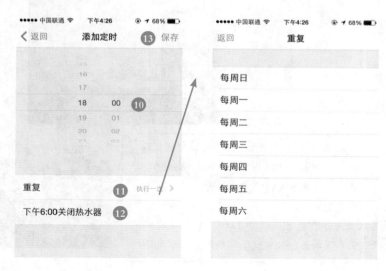

经过上面的步骤,实现了所需要的定时功能:下午 5:30 准时开启热水器,30 分钟后,即下午 6:00 关闭热水器,使热水器智能化。

2. 控制更多设备

明白了上面的原理,读者应该可以去设置其他设备的智能控制了,例如饮水机、电饭煲等,为其增加遥控功能,还可以通过手机完成更多个性化的操作,自己动手尝试一下吧。

> 除了文中提到的热水器、饮水机、电饭煲之外,还有哪些设备可以用这种方法控制呢?

3.6 生活小实例

一枚小小的智能插座就能实现这么多功能,是不是很神奇呢?你还觉得智能家居只是有钱"大叔"才关注的东西么?

下面就来看看这个小小的设备还能实现哪些高级功能吧!

实例 1 提前开启热水器,回家能洗热水澡

小王在一家大型电厂工作,工作环境又热又闷,每次下班回到家他都希望能马上洗个热水澡。但事实是,每次开启热水器后都得烧半个小时。这让有点洁癖的小王很是受不了。

自从装上了智能家居,小王就习惯了在回家的路上开启热水器加热,回家就能痛快地洗热水澡了。

实例2 用餐紧张工作忙，提前煮饭省时间

小丽是一个典型的上班族，由于单位离家近，可以天天回家做饭，陪女儿一起共享美味可口的饭菜，但由于中午时间紧迫，还想有个小午休的小丽可犯了难。

有了智能家居，小丽现在总是在前一天晚上把食材准备好，统统放入电饭煲，下班之前打开手机，启动电饭煲的煮饭功能，有时也会用手机提前设置定时通电煮饭，这样一回到家就能吃到可口的饭菜。

接下来一起看看小丽是怎么做的吧。

（1）相关设备的准备

小丽购买了智能主机设备和智能射频无线插座设备，经过一番研究，成功配置好智能主机设备，并且安装了智能射频无线插座。

将智能射频无线插座背面插头插入墙面插座，然后将电饭煲插头插入射频无线插座正面插口即可。

下载智能主机APP软件、智能主机设备的安装以及手机如何与智能主机进行连接，可以参看第2章内容。

（2）为手机添加电饭煲控制面板

为了实现通过手机控制电饭煲的功能，首先应该在手机内增加电饭煲控制面板。下面讲解具体实现步骤：

❶进入智能主机 APP，点击右上角的"+"按键，在弹出的列表中选择"添加遥控"选项，进入"添加遥控"界面。

❷在"添加遥控"界面选择"自定义 2"模块。

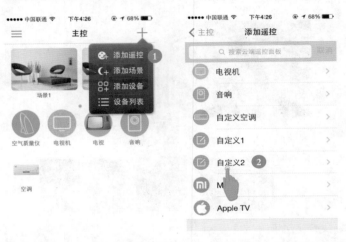

❸主界面增加了"自定义 2"按键，点击此按键进入个性化设置界面。

❹在个性化设置界面可以自定义面板信息，添加按键，自定义按键图标、名称、位置等。

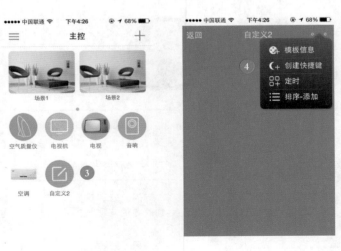

⑤在个性化设置界面点击"…"按钮，在弹出的列表中选择"模板信息"。

⑥进入"模板信息"界面，可以设置自定义模块的图标和名称。

⑦点击"头像"，可以通过拍照或者从相册选取已有图像作为自定义模块图标。

⑧点击"名称"，可以自定义模块名称，这里设置为"电饭煲"。

⑨在个性化设置界面点击"…"按钮，在弹出的列表中选择"排序 – 添加"选项。

⑩进入"排序 – 添加"界面，可以添加和修改控制按键，小丽首先添加了电饭煲"开启"按键。

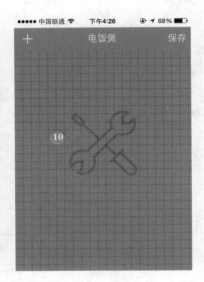

⑪点击左上角的"+"按钮。

⑫进入按键设置界面。

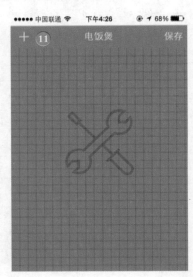

⓭点击"头像",可以通过拍照或在相册、图库选取图像作为按键图标。

⓮点击"名称",可以自定义按键名称,这里设置为"开启",点击右上角的"保存"按键进行保存设置。

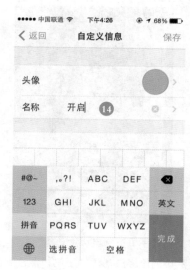

⓯此时,"排序–添加"界面增加了"开启"按键。

⓰可以拖动"开启"按键至想要的位置,完成后点击"保存"按钮,完成"开启"按键的添加。

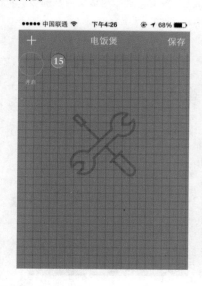
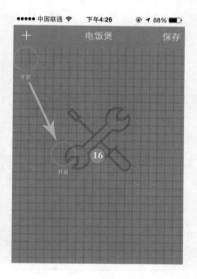

⑰添加"开启"按键后，在"电饭煲"模块界面就能够看到已经添加的"开启"按键。

⑱通过类似的方法，小丽完成了"关闭"按键的添加。

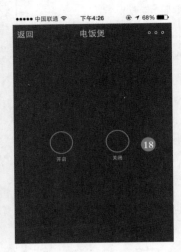

（3）测试手机控制电饭煲功能

虽然小丽已经成功添加了电饭煲控制面板，但是现在还无法通过手机控制电饭煲的开关。接下来需要学习射频无线插座的射频遥控器按键，进而实现手机控制电饭煲的开关。下面一起看一下小丽是如何做的。

❶打开智能主机APP软件，点击"电饭煲"按键，进入电饭煲控制面板。

❷在电饭煲控制面板点击"开启"按键。

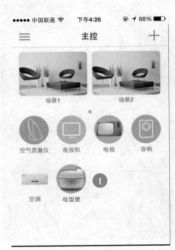

③ 从弹出的菜单中选择"单键学习"选项。

④ 弹出"等待学习按键"提示信息，此时智能主机设备黄色灯亮起，将射频无线插座双键遥控器对准智能主机设备，按下遥控器的 ON 键，智能主机设备黄色灯熄灭，表示完成学习。

⑤ 在电饭煲控制面板点击"关闭"按键。

⑥ 从弹出的菜单中选择"单键学习"选项。

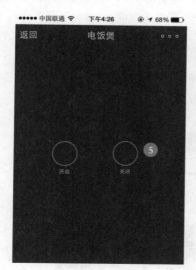

⑦弹出"等待学习按键"提示信息，智能主机设备黄色灯亮起，将射频无线插座双键遥控器对准智能主机设备，按下遥控器的 OFF 键，智能主机设备黄色灯熄灭，表示完成学习。

⑧学习完双键遥控器的 ON/OFF 按键之后，就可以通过手机 APP 电饭煲控制面板的"开启"和"关闭"按键控制电饭煲的开关。

（4）上班前的准备

通过以上设置，小丽已经可以用手机控制家中电饭煲，就可以精心准备食材了。上班前，只需把食材统统放入电饭煲，按下电饭煲自带的开关按键就可以了。

不用担心现在电饭煲已经开始煮饭，由于电饭煲插入的是智能射频无线插座正面插口，因此没有小丽的指令，电饭煲是不会工作的。

（5）在办公室控制电饭煲

这里需要注意，在办公室里使用手机控制家中电饭煲，需要打开手机的 2G/3G/4G 网络，确认与云服务器连接正常，才能够实现用手机控制家中电饭煲这一功能。具体实现原理可以参看第 1 章相关内容。

马上就要下班了，小丽拿出手机，打开电饭煲控制面板，轻轻点击"开启"按键，此时家中电饭煲已经非常"听话"地开始工作了，一想到回到家后已做好的美食，小丽心里美美的。

（6）定时功能帮大忙

上班前小丽已经提前准备了各种食材放入电饭煲，但是今天上午小丽特别忙，中午恐怕都无法回家吃饭了。小丽担心自己上午工作太忙以致忘记打开电饭煲，影响女儿中午吃饭。不过智能家居的定时功能帮了小丽大忙，通过设置定时开启电饭煲，小丽再也不用担心忘记做饭了。下面一起看看小丽是怎么做的吧。

❶ 打开智能主机 APP 软件，点击"电饭煲"按键，进入电饭煲遥控面板。

❷ 在电饭煲控制面板中长按"开启"按键。

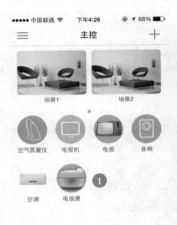

③ 在弹出的菜单中选择"定时开启"选项。

④ 设置开启时间为 11:30。

⑤ 设置"重复"选项为"执行一次"。

⑥ 设置定时任务名称为"今天上午 11:30，开始煮饭"。

⑦ 各个选项设置完成后，点击"保存"按钮，保存定时任务，完成定时开启电饭煲功能。

经过上面的操作，今天上午 11:30，小丽不用再去惦记开启电饭煲煮饭，电饭煲已经能够自己"聪明"地定时煮饭了。

实例3　定时开启饮水机，随时饮水不用愁

　　萌萌家前段时间装上了饮水机，为了节约用电，睡觉前经常要想着去关闭饮水机加热开关，然而早上起来想喝热水时又要等上好长时间。有没有什么办法能够在睡觉前让饮水机断电，早上睡醒前饮水机又能够自动通电加热呢？

　　其实利用本章所学的知识，通过智能手机设置饮水机定时通电、断电，便可以简单轻松地解决这个问题。下面一起看一下萌萌是怎么做的吧。

　　（1）相关设备的准备

　　萌萌购买了智能主机设备和智能射频无线插座设备，成功配置了智能主机设备，并且安装了智能射频无线插座设备。

　　将智能射频无线插座背面插头插入墙面插座，然后将饮水机插头插入射频无线插座正面插口即可。

　　（2）为手机添加饮水机控制面板

　　为了实现通过手机控制饮水机的功能，首先应该在手机内增加饮水机控制面板，

具体操作方法与前面讲到的手机内增加热水器、电饭煲控制面板方法类似，这里不再赘述。最终添加完成饮水机控制面板，结果如下图所示。

（3）测试手机控制饮水机功能

虽然萌萌已经成功添加饮水机控制面板，但是现在还无法通过手机控制饮水机的开关。接下来需要遥控面板按键去学习射频无线插座的射频遥控器按键，进而实现用手机控制饮水机的开关。具体操作方法与前面热水器、电饭煲控制面板按键学习方法类似，这里仅列出关键步骤。

❶打开智能主机 APP 软件，点击"饮水机"按键，进入饮水机控制面板。

❷在饮水机控制面板，分别对"开启"和"关闭"按键进行遥控学习。学习完双键遥控器的 ON 和 OFF 按键之后，就可以通过手机 APP 中饮水机控制面板的"开启"和"关闭"按键来控制饮水机的开关了。

（4）设置定时功能

设置完成手机控制饮水机功能后，接下来需要设置定时功能，以便饮水机的定时开启和关闭。具体操作方法与前面热水器、电饭煲定时功能的设置类似，这里仅列出关键步骤。

❶打开智能主机 APP 软件，点击"饮水机"按键，进入饮水机遥控面板。

❷在饮水机遥控面板分别对饮水机定时开启和定时关闭功能进行设置。

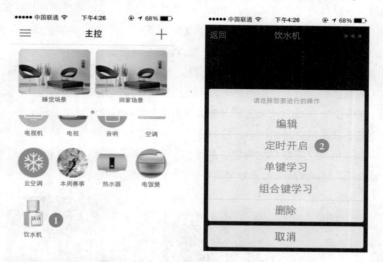

❸分别设置"每天晚上 11:00，关闭饮水机"和"每天早上 7:00，打开饮水机"。

经过上面的操作，萌萌不用再去惦记关闭和开启饮水机了。每天晚上 11:00，饮水机已经能够定时关闭，而在每天早上的 7:00 准时开启。早上起床后，就能够喝上暖暖的热水了。

3.7　本章小结

本章一开始就明确了要实现的目标，然后对实现的思路和原理进行了讲解，紧接着讲解了遇到的第二个智能单品——智能无线插座；随后详细讲解了如何动手操作，实现我们所需的功能；最后讲解了其他一些功能的实现方法。

借助于智能无线插座，为家中的热水器、饮水机、电饭煲等设备增加了遥控功能，并实现了手机控制。由于使用的是射频无线插座，采用的是射频通信技术，而射频可以实现"穿墙控制"，因此智能主机与智能无线插座并不需要设置在同一个房间。

经过第 2 章和第 3 章的学习，我们已经可以用手机去控制家里的很多设备，此时可以停下来，消化一下所学的内容。后面章节还有更多有趣的功能等着我们去实现，如果已经迫不及待，那就马上开始学习吧。

读书笔记

重要

📖 读书笔记

第4章

懒人攻略——
各种灯具随意开

无论躺在床上，还是进家门之前，都可以拿出手机控制家中各种灯具，这样的生活是否有了另外一番情趣？本章将带领大家一起实现用手机控制家中各种灯具，相比前面的动手实战，本章内容需要改造一些电路，会增加挑战性，一起来体验吧。

4.1 要实现的功能

通过本章的学习，能够实现如下功能：

（1）通过手机控制家中各种灯具。

（2）能够实现定时功能。

（3）能够实现更多个性化的功能。

4.2 原理探究

与第3章实现热水器控制功能的思路类似，本章也是借助于一些智能单品设备为家中灯具增加遥控功能，进而通过智能主机去学习遥控器按键，达到用手机控制家中各种灯具的目的。

> 第3章中是借助于智能无线插座为家中许多设备增加了遥控功能，但是对于家中的一些设备，例如吸顶灯等，智能无线插座并不能很好地实现遥控功能，因此为实现灯具控制，会用到一些新的智能单品。

为了给家中灯具增加遥控功能，要先来看一下家中灯光控制的基本电路示意图，从中寻求可以实现的方法。

如右图所示，灯具开关接在火线上，通过开关来控制灯具的明与灭，而开关需要人为按压来实现控制功能。

那么如何才能实现遥控功能呢？

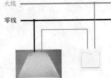

仔细分析上图，能够更改的地方有两处：灯具开关和灯具。可以在灯具开关和灯具部位安装合适的模块来实现遥控功能。通过考察市面上现有智能单品，结合想要实现的功能，总结出 3 种方案来实现遥控：

☆ 方案 1：在开关内部增加遥控模块。
☆ 方案 2：更换具有遥控功能的开关。
☆ 方案 3：在灯具部位增加遥控模块。

下面对 3 种方案的具体工作原理以及涉及的一些概念进行讲解。

1. 在开关内部增加遥控模块

这种遥控模块控制原理与智能射频无线插座的控制原理类似，主要由无线通信模块和继电器模块构成，无线通信模块用来接收控制信号，控制内部继电器模块的开断，进而控制电路的开断，实现灯具开断的控制。

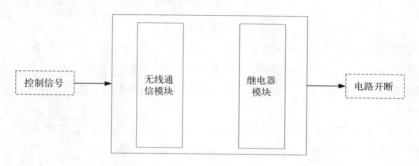

遥控模块

这里采用射频遥控模块，目前市面上可供选择的射频遥控模块很多，下图展示的是一款非常典型的射频遥控模块——LV 智能无线 315 单火线遥控开关模块。

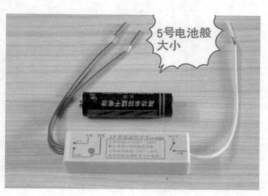

下面对该模块涉及的几个概念进行解释。

（1）单火线

该模块是安装在开关内部的，而开关只能接在火线上，因此简称为单火线。相对应的还有零火线，也就是说遥控模块需要同时连接零线和火线。零火线型模块正是方案3中需要用到的。

> 这里有一个基本的用电常识：开关只能接在火线上而严禁接在零线上，因为当开关接在零线上时，断开开关后虽然灯会因断电而熄灭，但是此时灯对地仍然有电压，一旦人触摸灯，就会形成火线—灯—人—大地回路而发生触电危险。因此为了安全起见，进行家庭电路相关改造工作时，一定要拉闸断电，并用验电笔进行二次确认。

（2）无线315

无线315表示射频的频率是315MHz，第3章中提到的智能射频无线插座一般为射频433MHz，本书用到的无线射频设备基本上为射频315/433M设备，这也是大部分智能主机所支持的。

但是接下来会遇到这样的问题，那就是这种遥控模块并不像前面提到的智能射频无线插座一样自带双键遥控器，该如何进行遥控控制呢？这里就需要购买315射频遥控器，右图为一款典型的15键射频遥控器。

需要将LV智能无线315单火线遥控开关模块学习15键射频遥控器按键，进而实现与用15键射频遥控器相应按键控制遥控模块开断的功能。

> 请注意，这里的LV智能无线315单火线遥控开关模块与15键射频遥控器并不是一个厂家生产的，当购买到遥控模块和遥控器后，没有经过设置，并不能使用遥控器控制遥控模块。因此如果需要遥控器去控制遥控模块，需要手动设置，即遥控模块学习射频遥控器按键。

读到这里，也许读者会有疑惑：为什么第3章中提到的射频无线插座可以直接用自带的双键遥控器控制，而这里的LV智能无线315单火线遥控开关模块却还需要手动设置，才能实现遥控器控制呢？这里涉及"固定码"和"学习码"两个概念，对于"固定码"和"学习码"的详细原理及电路实现，不做过多解释，可以理解为：

（1）固定码

买的遥控设备和遥控器是一一对应的，例如前面提到的智能射频无线插座会配有一个遥控器，这个无线插座只能是对应的遥控器来控制，别的遥控器控制不了，用户也无法进行更改。

（2）学习码

前面提到的 LV 智能无线 315 单火线遥控开关模块就是学习码的，因为它并不自带遥控，需要利用其学习功能去学习指定射频遥控器按键的控制功能。

> 智能主机可以学习红外遥控器和射频遥控器按键，这里的 LV 智能无线 315 单火线遥控开关模块也可以学习 15 键射频遥控器的按键。

下面对方案 1 中涉及的一些新的概念和智能单品，进行一下简单的总结：通过在开关盒内部增加遥控模块，利用遥控模块的学习功能实现通过射频遥控器控制遥控模块的开断，进而控制灯的开关。关于如何安装以及遥控模块的学习功能，会在后面的动手去做环节进行详细讲解。

2. 更换具有遥控功能的开关

如果觉得在开关内部增加遥控模块比较麻烦，那么可以将原来的开关直接更换为具有遥控功能的开关，该遥控开关也具有学习射频遥控器按键的功能，外观与家中的普通开关非常类似，只是内部增加了射频通信模块与继电器模块。右图展示了一款具有遥控功能的开关，为智能无线 315 单火线遥控开关。

> 具有遥控功能的开关，非常类似于方案 1 中遥控模块与开关盒结合在一起的一个设备。

3. 在灯具部位增加遥控模块

方案 1 和方案 2 均是单火线的，这里再提供一种零火线的方案。右图是一款典型的零火线遥控模块，该模块一般安装在灯具部位，需要同时接通零线和火线。至于零火线遥控模块如何安装以及遥控学习，将在后面的动手去做环节进行详细讲解。

4.3 动手去做

为了控制家中灯具，上述内容中提供了 3 种方案，为了方便讲述，假设将要控制 3 盏灯，分别为主卧灯、次卧灯和客厅灯，其中主卧灯、次卧灯、客厅灯的控制实现分别采用方案 1、方案 2 和方案 3。

> 当对 3 种方案比较了解后，可以根据自己的实际需要，选择合适的方案。

1. 主卧灯控制

所要控制的对象 ⟶ 主卧灯

所采用的方案 ⟶ 方案 1：在开关内部增加遥控模块

所用智能单品 ⟶

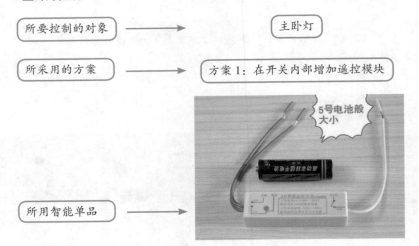

5号电池般大小

（1）安装遥控模块

安装之前，请确保已经拉闸断电，并用验电笔二次确认。

LV 智能无线 315 单火线遥控开关模块安装示意图如下。

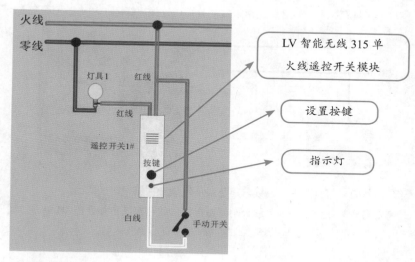

实物连接如下图所示。

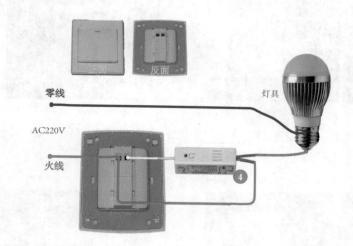

　　读者需对上面的安装示意图和实物连接图非常清楚，按照图中接线方式连接，可保证既能遥控控制，又不妨碍原来开关的手动控制。

正确安装遥控模块非常重要，下面根据 LV 实验室提供的操作说明，详细讲解如何进行实际操作。

① 找到主卧灯具控制开关。

② 打开灯具开关，一般会看到两根线，分别是进线（红色）和出线（黑色）。

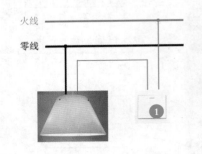

③ 用螺丝刀将灯具开关红色线与黑色线从灯具开关接线端子取出。

④ 将灯具开关红色线和黑色线分别与遥控模块的两根红色线连接，其中一对线（红色线与黑色线）用压线鼻子进行压接或用绝缘胶布进行包扎。

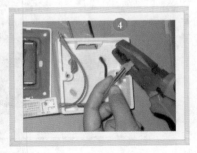

⑤ 将另外一对线以及遥控模块的白色接线分别接入灯具开关的两根接线端子。

⑥ 将线路进行整理，合上灯具开关外壳，完成遥控模块的安装。

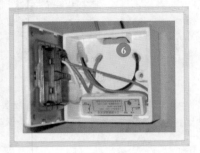

⑦当遥控模块安装完毕，请再次对照遥控模块安装示意图，确保安装正确。

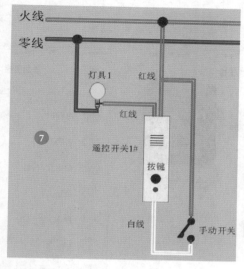

（2）遥控模块学习15键射频遥控器按键

安装好遥控模块后，接下来讲解如何学习射频遥控器按键。

❶长按遥控模块上的"设置"按键，当遥控模块上LED灯连续快速闪烁时松开按键，完成对遥控模块的复位操作。

❷长按遥控模块上的按键，当遥控模块上LED灯每次闪烁两下，此时将15键射频遥控器对准遥控模块，按下1键，完成模块的开控制学习。

❸长按遥控模块上的按键，当遥控模块上LED灯每次闪烁三下，此时将15键射频遥控器对准遥控模块，按下2键，完成模块的关控制学习。

> 通过上面的操作，实现了15键射频遥控器的1、2键分别控制主卧灯的开启和关闭。
>
> 遥控模块一般有多种学习模式，如单键开关（即遥控器单键既可以控制灯的开启，又可以控制灯的关闭）、定时开启、定时关闭等，读者可以参看遥控模块的详细说明书，尝试一下。

（3）手机添加主卧灯遥控面板

为了实现通过手机控制主卧灯的功能，需要在手机所安装的智能主机APP软件内增加主卧灯遥控面板，具体操作方法如下：

❶点击 APP 右上角的"+"按钮，在弹出的列表中选择"添加遥控"，进入"添加遥控"界面。

❷在"添加遥控"界面选择"自定义 2"选项。

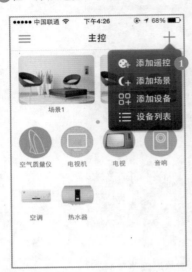

❸主界面增加了"自定义 2"图标，点击此按键，进入个性化设置界面。

❹在个性化设置界面可以自定义面板信息，添加按键，自定义按键图标、名称、位置等。

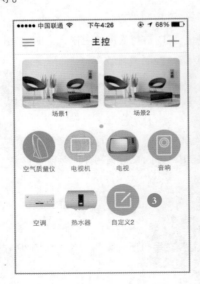

5 在个性化设置界面点击"…"按钮，在弹出的列表中选择"模板信息"选项。

6 进入"模板信息"界面，可以设置自定义模块的图标和名称。

7 点击"头像"，可以通过拍照或者从相册中选取已有图像作为自定义模块图标。

8 点击"名称"，可以自定义模块名称，这里设置为"主卧灯"。

⑨在个性化设置界面点击"…"按钮，在弹出的列表中选择"排序－添加"选项。

⑩进入"排序－添加"界面，可以添加和修改遥控按键，下面以添加主卧灯"开灯"按键为例说明操作步骤。

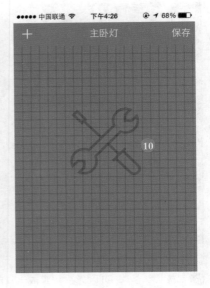

⑪点击左上角的"＋"按钮。

⑫进入按键设置界面。

⓭点击"头像"，可以通过拍照或在相册、图库选取图像作为按键图标。

⓮点击"名称"，可以自定义按键名称，这里设置为"开灯"，点击右上角的"保存"按钮进行保存设置。

⓯"排序 – 添加"界面增加已经添加的"开灯"按键。

⓰可以拖动"开灯"按键至想要的位置，完成后点击"保存"按钮，完成"开灯"按键的添加。

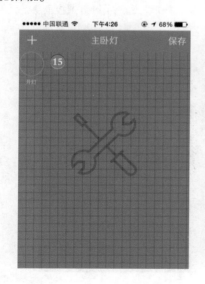
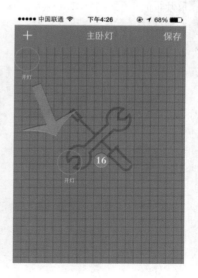

⑰添加"开灯"按键后，在"主卧灯"模块界面就能够看到已经添加的"开灯"按键。

⑱用类似的方法添加主卧灯"关灯"按键，完成自定义遥控面板的添加。

（4）学习射频遥控器开关按键

前面已经实现了 15 键射频遥控器的 1、2 键分别控制主卧灯的开启和关闭，并且在手机所安装的智能主机 APP 软件内增加了主卧灯遥控面板的添加，接下来需要智能主机学习 15 键射频遥控器的 1、2 按键，即可实现手机控制主卧灯的开启和关闭，下面详细讲解操作方法。

❶打开智能主机 APP 软件，点击"主卧灯"按键，进入主卧灯遥控面板。

❷在主卧灯遥控面板点击"开灯"按键。

③从弹出的菜单中选择"单键学习"选项。

④弹出"等待学习按键"提示信息，智能主机设备黄色灯亮起，将 15 键射频遥控器对准智能主机设备，按下 1 键，智能主机设备黄色灯熄灭，表示完成学习。

⑤在主卧灯遥控面板点击"关灯"按键。

⑥从弹出的菜单中选择"单键学习"选项。

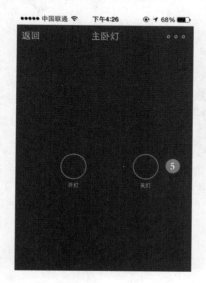

⑦弹出"等待学习按键"提示信息，智能主机设备黄色灯亮起，将15键射频遥控器对准智能主机设备，按下2键，智能主机设备黄色灯熄灭，表示完成学习。

⑧学习完15键射频遥控器1、2按键之后，就可以通过手机APP主卧灯遥控面板的"开灯"和"关灯"按键代替15键射频遥控器的1、2按键，从而控制主卧灯的开关。

主要通过四大步骤，完成手机控制主卧灯的开关：

1. 在原有灯具开关内安装遥控模块。

2. 通过遥控模块学习15键射频遥控器的1、2按键，实现射频遥控器1、2按键分别控制主卧灯的开灯和关灯。

3. 在手机所安装的智能主机APP软件内增加主卧灯遥控面板。

4. 智能主机学习15键射频遥控器的1、2按键。

2. 次卧灯控制

所要控制的对象 ——→ 次卧灯

所采用的方案 ——→ 方案2：更换具有遥控功能的开关

所用智能单品 ——→

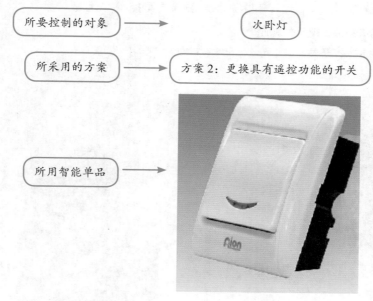

（1）射频遥控开关的安装

安装之前，请确保已经拉闸断电，并用验电笔二次确认。

射频遥控开关的安装与家中普通面板开关的安装和接线是一样的，只需替换原有灯具开关即可，如下图所示。

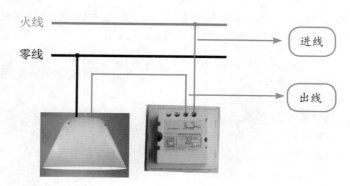

火线 ——→ 进线

零线 ——→ 出线

有很多厂家生产射频遥控开关，大家可以根据自己的喜好选择不同外观面板的遥控开关。

（2）射频遥控开关学习射频遥控器按键

安装好射频遥控开关后，接下来讲解如何学习射频遥控器按键。

❶ 打开射频遥控开关前面外壳。

❷ 抬起遥控开关按键外壳，将设置按键拨至"学习"位置。

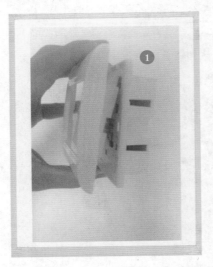
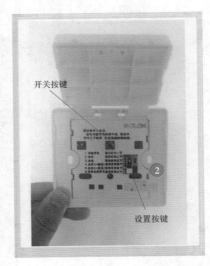

开关按键

设置按键

❸ 长按开关按键，当指示灯闪烁 6 下时松开按键，完成对射频遥控开关的复位操作。

❹ 长按开关按键，当指示灯闪烁 4 下时松开按键，此时将 15 键射频遥控器对准遥控开关，按下 3 键，完成射频遥控开关的开控制学习。

❺ 长按开关按键，当指示灯闪烁 5 下时，松开按键，此时将 15 键射频遥控器对准遥控开关，按下 4 键，完成射频遥控开关的关控制学习。

> 通过上面的操作，实现了 15 键射频遥控器的 3、4 键分别控制次卧灯的开启和关闭。
>
> 与遥控模块类似，遥控开关一般也有多种学习模式，如单键开关（即遥控器单键既可以控制灯的开启，又可以控制灯的关闭）、定时开启、定时关闭等，读者可以参看遥控开关的详细说明书，进行尝试。

（3）为手机添加次卧灯遥控面板

在手机中添加次卧灯遥控面板与添加主卧灯遥控面板方法类似，这里不再赘述，最终添加后的次卧灯遥控面板如下图所示。

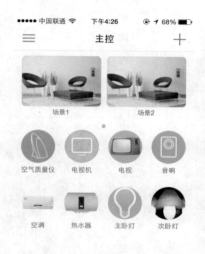
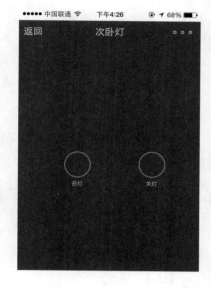

（4）学习射频遥控器开关按键

前面已经实现了 15 键射频遥控器的 3、4 键分别控制次卧灯的开启和关闭，并且在手机所安装的智能主机 APP 软件内增加了次卧灯遥控面板，接下来，需要智能主机学习 15 键射频遥控器的 3、4 按键，即可实现手机控制次卧灯的开启和关闭，与主卧灯相关设置方法类似，这里不再赘述，最终完成后的结果如下图所示。

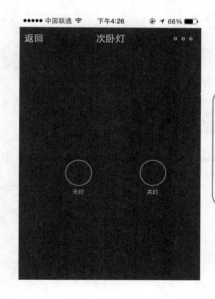

> 学习完成 15 键射频遥控器 3、4 按键之后，就可以通过手机 APP 次卧灯遥控面板的"开灯"和"关灯"按钮，代替 15 键射频遥控器的 3、4 按键，从而控制次卧灯的开关。

3. 客厅灯控制

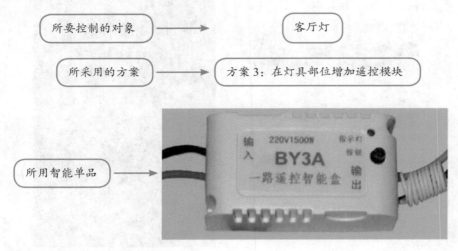

所要控制的对象 ⟶ 客厅灯

所采用的方案 ⟶ 方案3：在灯具部位增加遥控模块

所用智能单品 ⟶

（1）遥控模块的安装

安装之前，请确保已经拉闸断电，并用验电笔二次确认。

由于方案3是采用零火线模块，因此需要在灯具部位增加遥控模块，并且同时需要接通零线和火线，相对于单火线模块，安装会复杂一些。

BY3A 零火线型遥控模块安装示意图如下图所示。

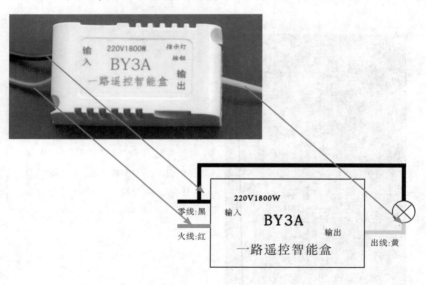

安装步骤如下。

❶找到客厅灯具处的进线（火线）和出线（零线）。

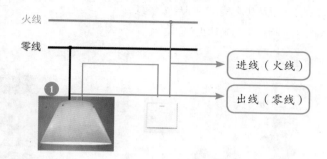

❷将灯具处进线和出线分别与灯具断开。

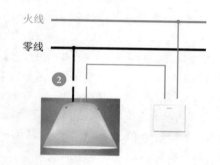

❸按图中紫色线标注进行接线。

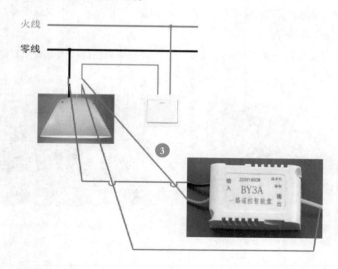

由于零火线模块安装相对复杂一些，为进一步加深理解，下面增加该模块实物安装图，以螺纹灯口为例进行演示。

❶ 找到灯具处的进线（火线）和出线（零线）。

❷ 带电情况下，用验电笔确认火线和零线。

> 特别注意：一般情况下，灯具进线为火线，用红色线标示，而出线为零线，用黑色线标示。然而生活中很多情况下并不是这样。例如上图中，灯具进出两根线分别为蓝色和黑色，无法得知哪一根是进线（火线），哪一根是出线（零线），甚至有时由于施工不规范，即使是红色和黑色的两根进出线，也无法保证红色为火线，而黑色为零线，因此应先用验电笔进行验电，以确认火线和零线，这非常关键。

❸ 确认火线和零线后，拉闸断电，并用验电笔进行二次确认。在确保断电的情况下，将进线和出线与灯具断开。

❹ 将零火线模块红色接线与火线连接，零火线模块黄色线接入螺纹灯口进口端子。

 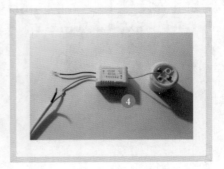

⑤将零火线模块黑色接线与零线连接，接入螺纹灯口出口端子，并用绝缘胶布将线包裹，对接线和模块进行整理。

⑥当遥控模块安装完毕，再次对照遥控模块安装示意图，确保安装正确。

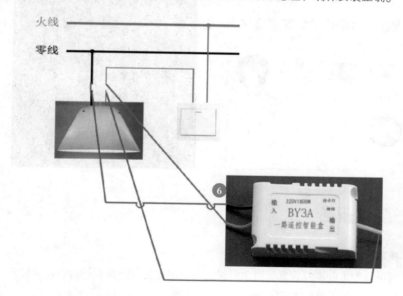

（2）遥控模块学习15键射频遥控器按键

安装好射频遥控模块后，接下来讲解如何学习射频遥控器按键。

❶长按遥控模块上的学习按键，当遥控模块上指示灯闪烁 4 次时，松开按键，完成对遥控模块的复位操作。

❷长按遥控模块上的学习按键，当遥控模块上指示灯闪烁 2 次时，将 15 键射频遥控器对准遥控模块，按下 5 键，完成模块的开控制学习。

❸长按遥控模块上的学习按键，当遥控模块上指示灯闪烁 3 次时，将 15 键射频遥控器对准遥控模块，按下 6 键，完成模块的关控制学习。

至此，实现了 15 键射频遥控器的 5、6 键分别控制客厅灯的开和关。

（3）为手机添加客厅灯遥控面板及学习射频遥控器开关按键

为手机添加客厅灯遥控面板及学习射频遥控器开关按键的方法与添加主卧灯遥控面板方法类似，这里不再赘述，最终完成后的效果如下图所示。

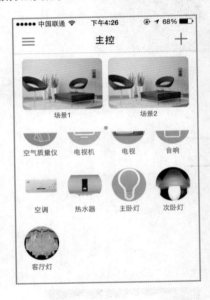 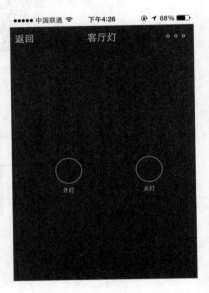

4.4 更多玩法

1. 定时开关灯

睡觉前，为主卧室灯设置定时关灯操作，不用再去按开关面板，也无须打开手机去关闭灯具。下面讲解具体实现步骤：

❶打开智能主机 APP 软件，点击"主卧灯"按钮，进入主卧灯遥控面板。

❷在主卧灯遥控面板长按"关灯"按钮。

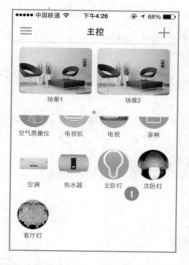
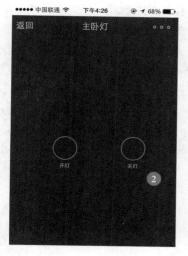

③在弹出的菜单中，选择"定时开启"选项。

④设置开启时间为 23:00。

⑤设置"重复"选项为"执行一次"，也可以按照个人需求设置。

⑥设置定时任务名称为"晚上 11:00 关闭主卧灯"。

⑦各个选项设置完成后，点击"保存"按钮，保存定时任务，完成定时关闭主卧灯的功能设置。

经过上面的步骤，实现了晚上 11:00 准时关闭主卧灯。

2. 控制更多设备

如果前面的操作都能够自己动手实现，那么应该对本章控制家中灯具的思路已经非常清楚。本章仅仅挑选了主卧灯、次卧灯和客厅灯 3 盏灯为例进行了讲解，通过对本章的学习，读者应该还能够控制更多的设备，实现更多玩儿法，尝试一下吧。

> 家中台灯如何控制呢？想为家中灯具增加点儿色彩，该怎么办呢？除了控制灯具，文中介绍的智能单品还能去控制哪些设备呢？
>
> 相信你一定可以找到问题的答案。

4.5　生活小实例

实例 1　一键开关所有灯，不用摸黑真方便

小张是典型的"怕黑一族"，但是经常要加班很晚的她总是要自己摸黑回家，回到家后第一件事情就是把家中的灯都打开，这样才会让自己有安全感。但是每到上床睡觉时，又要把家中所有的灯都关掉，她总是如打仗般快速关灯，快速钻进自己的被窝，才不会害怕。

自从小张的男朋友给她安装了智能家居后，小张再也不用回家着急开灯、睡前快

速关灯如打仗了。她可以在上楼时就把家中的灯全部开启，睡觉前从容地洗漱完毕，慵懒地躺在床上，然后拿出手机，轻轻一点提前设置好的一键关灯模式，家里的灯就全部关闭，然后美美地睡上一个好觉了。

下面一起来看一下小张的男朋友是怎么做的吧。

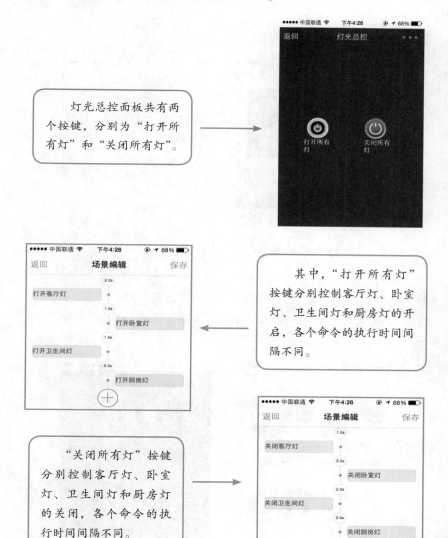

灯光总控面板共有两个按键，分别为"打开所有灯"和"关闭所有灯"。

其中，"打开所有灯"按键分别控制客厅灯、卧室灯、卫生间灯和厨房灯的开启，各个命令的执行时间间隔不同。

"关闭所有灯"按键分别控制客厅灯、卧室灯、卫生间灯和厨房灯的关闭，各个命令的执行时间间隔不同。

通过以上这些设置，小张再也不用为开灯、关灯而发愁了。

接下来，利用本章学到的知识来讲解一下小张的男朋友是如何实现上述功能的。

（1）添加"灯光总控"遥控面板

❶点击 APP 右上角的"＋"按钮，在弹出的列表中选择"添加遥控"，进入"添加遥控"界面。

❷在"添加遥控"界面选择"自定义 2"模块。

❸主界面增加了"自定义 2"按键，点击此按键，进入个性化设置界面。

❹在个性化设置界面，可以自定义面板信息，添加按键，自定义按键图标、名称、位置等。

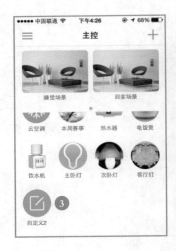

5 在个性化设置界面点击 "…" 按钮，在弹出的列表中选择 "模板信息" 选项。

6 进入 "模板信息" 界面，可以设置自定义模块的图标和名称。

7 点击 "头像"，可以通过拍照或者从相册选取已有图像作为自定义模块图标。

8 点击 "名称"，可以自定义模块名称，这里设置为 "灯光总控"。

⑨在个性化设置界面点击"…"按钮，在弹出的列表中选择"排序 – 添加"选项。

⑩进入"排序 – 添加"界面，可以添加和修改遥控按键。

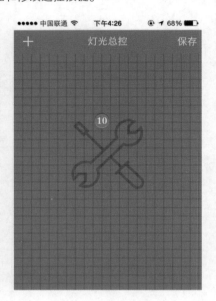

⑪点击左上角的"+"按键。

⑫进入按键设置界面。

⑬点击"头像",可以通过拍照或从相册、图库选取图像作为按键图标。

⑭点击"名称",可以自定义按键名称,这里设置为"打开所有灯",点击右上角的"保存"按钮进行保存设置。

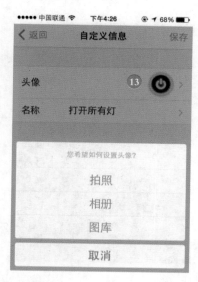
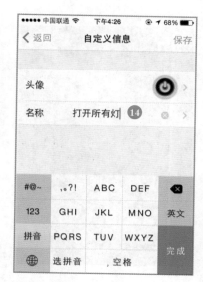

⑮此时,"排序 – 添加"界面增加了"打开所有灯"按键。

⑯可以拖动"打开所有灯"按键至想要的位置,完成后点击"保存"按钮。

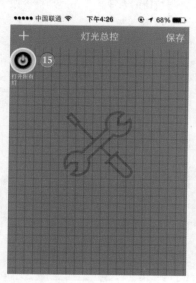
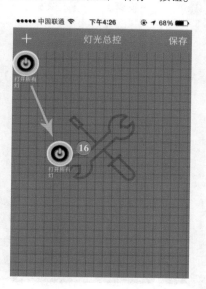

⑰添加"打开所有灯"按键后，在灯光总控面板中就能够看到已经添加的"打开所有灯"按键。

⑱用同样的方法，可以添加"关闭所有灯"按键。

（2）设置"灯光总控"按键控制命令

❶点击"打开所有灯"按键，从弹出的菜单中选择"组合键学习"。

❷进入"场景编辑"界面，在这里可以添加要执行的命令，点击添加指令按钮。

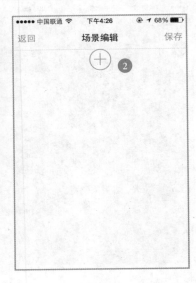

③从弹出的菜单中选择"已学习按钮"。

④进入控制列表，提示"选择一条控制命令，添加到场景"，这里选择"客厅灯"。

⑤在客厅灯遥控面板点击 ON 按键。

⑥输入所选按键要执行的命令名称，这里设置为"打开客厅灯"，点击"确定"按钮，完成命令的添加。

⑦场景编辑界面已经增加"打开客厅灯"命令。

⑧点击"打开客厅灯"命令上方的时间标签，可以设置点击"打开所有灯"后，多长时间执行"打开客厅灯"命令。

⑨从弹出的菜单中设置时间为2.0 sec，点击"确定"按钮，那么如果小张执行"打开所有灯"操作，2秒后，才会执行"打开客厅灯"命令。

⑩经过以上步骤，完成"打开客厅灯"命令的添加。

⑪用同样的方法，添加如下命令：打开客厅灯1秒后，打开卧室灯；过1.5秒后，打开卫生间灯；过0.5秒后，打开厨房灯。

⑫所有命令设置完成后，点击右上角的"保存"按钮，完成"打开所有灯"的设置。

⑬用同样的方法，为"关闭所有灯"按键增加所需的控制指令。

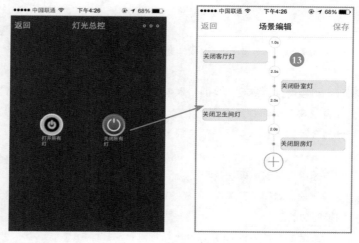

经过上面的操作，小张再也不用摸黑开灯、关灯了。

实例2 关灯方便又省事，和谐二人小世界

小李夫妇是一对新婚小夫妻，两人都是独生子，刚结婚时总有一些不适应，上次就因为晚上睡觉谁去关灯的问题吵了一架。大家上了一天的班都很累，躺在床上都不想动，这可怎么办？

后来，小李自己安装了智能家居，问题就解决了。睡前手机不离手成了现代人的生活习惯，玩手机时顺便关一下灯，好玩儿又实用。

4.6　本章小结

相比于前面几章的内容，本章动手操作起来稍显复杂一些，下面对本章内容进行一下小结。

为了实现手机控制家中灯具的目的，本章提供了 3 种方案，并对 3 种方案的实现原理进行介绍，紧接着运用 3 种方案，实现了家中主卧灯、次卧灯、客厅灯的控制。虽然文中提到的 3 种方案具体实现细节有很多不同，但大致思路类似，可以总结为以下 4 个步骤：

1. 在原有电路中增加遥控模块或者遥控开关。

2. 通过遥控模块或者遥控开关学习 15 键射频遥控器不同按键，实现射频遥控器不同按键的不同控制功能。

3. 在手机所安装的智能主机 APP 软件内增加灯具遥控面板。

4. 智能主机学习 15 键射频遥控器的不同按键，实现手机控制家中灯具。

通过本章的学习，相信大家对家中的电路构成以及如何控制家中灯具有所了解，快去动手体验一下吧。

读书笔记

重要

📦 读书笔记

重要

第 **5** 章

温馨场景——
窗帘也可自动化

　　是否曾经幻想过用手机控制家里的窗帘，并且还可以定时开启？这样，每天早上就能伴随着窗帘的自动开启，享受到清晨的第一缕阳光。下面一起去实现吧。

5.1　要实现的功能

通过本章的学习，能够实现如下功能：

（1）通过手机控制家中窗帘。

（2）能够实现定时操作，例如定时开启、关闭窗帘等。

（3）能够实现更多个性化的操作。

5.2　原理探究

大家想一下，平时我们是如何打开、关闭家中窗帘的？一般传统的窗帘都需要拉动，对于小一些的窗帘，可以很轻松拉动，但是对于比较大的窗帘，特别是别墅或者复式房的大窗帘，重且长，需要用很大的力量才能够拉动，很不方便。

那么有什么办法可以解决这个烦恼呢？

近年来，迅速发展的电动窗帘很好地解决了这个问题。电动窗帘带有电机，通过电机的正反转来代替人力，实现窗帘的打开和关闭。电动窗帘电机一般有内置遥控功能，通过匹配的电动窗帘遥控器，可以控制电动窗帘的打开和关闭。

窗帘有了遥控功能，使手机控制也变得可行。安装好电动窗帘后，用智能主机学习电动窗帘遥控器相应按键，即可用手机代替电动窗帘遥控器，并能实现更多个性化的操作。

在动手实践之前，有必要对电动窗帘进行介绍，只有对电动窗帘的组成和构造了解之后，才能够根据自己的需要选择合适的电动窗帘种类。

5.3　电动窗帘

　　电动窗帘有很多种类，如电动开合帘、电动卷帘、电动百叶帘等，可以根据自家情况，选择合适的电动窗帘种类。

电动开合帘

电动卷帘

电动百叶帘

　　尽管电动窗帘有不同的种类，但是电动窗帘系统的构成基本一样，主要由4部分组成：窗帘、滑轨、电机和遥控器。下面以电动开合帘为例进行讲解。

　　（1）窗帘

　　窗帘的主要作用是与外界隔绝，保护居室的私密性，具有遮阳隔热、调节室内光线等功能，同时也是家中不可或缺的装饰品。用户可以根据自己的喜好，选择不同材质和样式的窗帘。

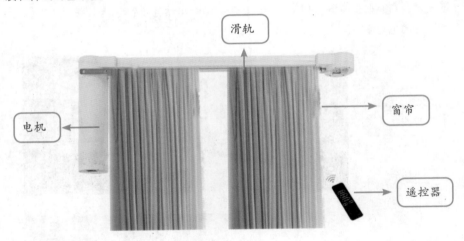

滑轨

电机

窗帘

遥控器

　　（2）滑轨

　　滑轨用来固定窗帘，电动窗帘需要用专门的滑轨，因此如果是对家中原有传统窗帘进行改造，需要更换原有窗帘滑轨为电动窗帘专用滑轨。另外，在选取滑轨时应该注意，电动窗帘滑轨有不同的种类，如平直滑轨、L形滑轨、U形滑轨、圆弧滑轨、扇形滑轨等，应该根据实际需求选择合适的电动窗帘滑轨。

　　电动窗帘的打开和关闭是通过滑轨上的动力滑车实现的。

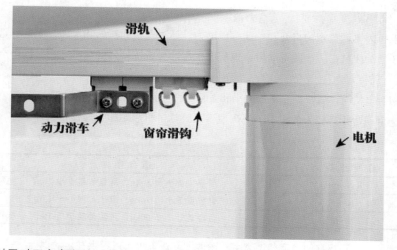

滑轨

动力滑车　　　　　窗帘滑钩　　　　　　　　　电机

对于对开窗帘和单开窗帘，所需要的动力滑车数量是不一样的：对开窗帘应该选择双动力滑车，单开窗帘应该选择单动力滑车。

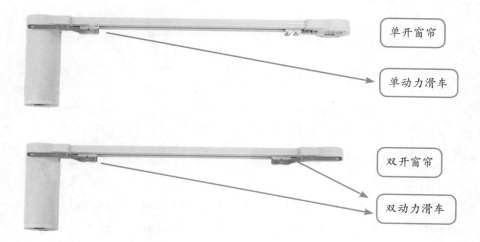

单开窗帘

单动力滑车

双开窗帘

双动力滑车

滑轨长度应该与实际需要一致，一般情况下，滑轨的长度应该为窗户的宽度加上 600mm，保证窗户两边各多出 300mm，例如，窗户的宽度为 1.8m，那么滑轨的长度应该选择 2.4m。

（3）电机

电机为电动窗帘的打开和关闭提供动力，通过电机的正转和反转，来区分是打开窗帘还是关闭窗帘。一般电动窗帘电机会采用静音设计，降低电机运行过程中产生的噪音。

购买电机时，要根据窗帘的大小和重量选择合适的扭矩。一般对于大而重的窗帘，需要选用额定扭矩较大的电机。下表展示了某款电机额定扭矩与适合条件对照，可供读者参考。

额 定 扭 矩	适 合 条 件
1.8 N·m	窗帘重量小于80kg，滑轨长度小于20m
1.6 N·m	窗帘重量小于70kg，滑轨长度小于15m
1.2 N·m	窗帘重量小于60kg，滑轨长度小于10m

另外，对于超高的吊顶落地窗帘，需要安装双电机，以提供充足的动力。

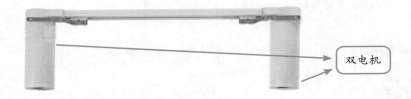

双电机

当停电时，电动窗帘可以像普通手动窗帘一样，用手拉动来打开和关闭。

（4）遥控器

遥控器用来控制电动窗帘电机的正转和反转，进而控制电动窗帘的打开和关闭。一般电动窗帘电机会内置遥控功能，与遥控器配套，实现遥控。

如果需要实现用手机控制电动窗帘，那么购买电动窗帘时，应该选择能够与所使用的智能主机兼容的产品，这样，通过智能主机去学习电动窗帘遥控器按键，就能够实现手机控制电动窗帘。

5.4 动手去做

1. 安装电动窗帘

根据自己的实际需要，选择合适的电动窗帘。这里以对开平直滑轨电动开合窗帘为例，说明电动窗帘如何进行安装。

❶打开购买到的电动窗帘，一般滑轨上的动力滑车和窗帘挂钩等部件已经安装好，只需将电动窗帘滑轨上的固定件通过螺丝与墙面固定，完成电动窗帘滑轨的安装。

❷将电动窗帘电机安装在滑轨的电机安装口。

固定件 ❶

❷

电机安装口

③确认以上操作无误后，接通电动窗帘电机电源。

④通过电动窗帘自带遥控器操作电动窗帘，确保动力滑车工作正常且无其他异常现象。

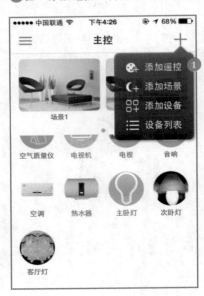

⑤将窗帘安装至滑轨的窗帘挂钩上，最终完成电动窗帘的安装。

2. 为手机添加电动窗帘遥控面板

为了实现通过手机控制电动窗帘的功能，需要在手机所安装的智能主机 APP 软件内增加电动窗帘遥控面板，具体方法如下：

①点击 APP 右上角的"+"按钮，在弹出的列表中选择"添加遥控"，进入"添加遥控"界面。

②在"添加遥控"界面选择"自定义 2"选项。

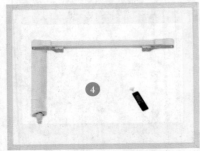

③主界面增加了"自定义 2"按键，点击此按键，进入个性化设置界面。

④在个性化设置界面，可以自定义面板信息，添加按键，自定义按键图标、名称、位置等。

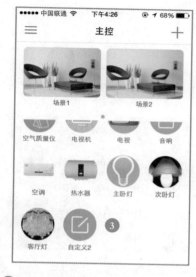

⑤在个性化设置界面点击"…"按钮，在弹出的列表中选择"模板信息"选项。

⑥进入"模板信息"界面，可以设置自定义模块的图标和名称。

⑦点击"头像"，可以通过拍照或者从相册选取已有图像作为自定义模块图标。

⑧点击"名称"，可以自定义模块名称，这里设置为"电动窗帘"。

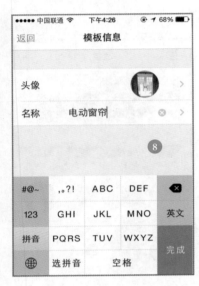

⑨在个性化设置界面点击"…"按钮，在弹出的列表中选择"排序－添加"选项。

⑩进入"排序－添加"界面，可以添加和修改遥控按键，下面以添加"打开窗帘"按键为例说明操作步骤。

⑪点击左上角的"+"按钮。

⑫进入按键设置界面。

⑬点击"头像",可以通过拍照或在相册、图库中选取图像作为按键图标。

⑭点击"名称",可以自定义按键名称,这里设置为"打开窗帘",点击右上角的"保存"按钮进行保存设置。

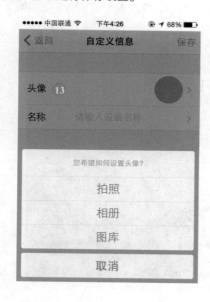
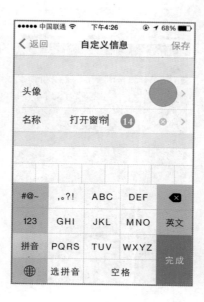

⑮此时，"排序－添加"界面增加了"打开窗帘"按键。

⑯可以拖动"打开窗帘"按键至想要的位置，完成后点击"保存"按钮，完成"打开窗帘"按键的添加。

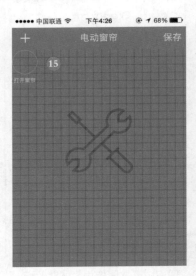
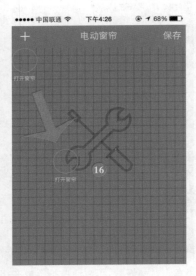

⑰添加"打开窗帘"按键后，在"电动窗帘"模块界面就能够看到已经添加的"打开窗帘"按键。

⑱用类似的方法添加电动窗帘"关闭窗帘"按键，完成自定义遥控面板的添加。

3. 学习电动窗帘遥控器按键

添加完电动窗帘遥控面板后，接下来需要智能主机去学习电动窗帘遥控器按键，下面进行详细介绍。

①打开智能主机 APP 软件，点击"电动窗帘"按钮，进入电动窗帘遥控面板。

②在电动窗帘遥控面板点击"打开窗帘"按钮。

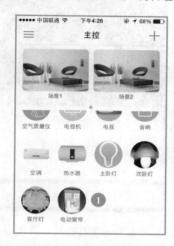

③从弹出的菜单中选择"单键学习"选项。

④弹出"等待学习按键"提示信息，智能主机设备黄色灯亮起，将电动窗帘遥控器对准智能主机设备，按下遥控器的打开窗帘按键，智能主机设备黄色灯熄灭，表示完成学习。

⑤在电动窗帘遥控面板点击"关闭窗帘"按钮。

⑥从弹出的菜单中选择"单键学习"选项。

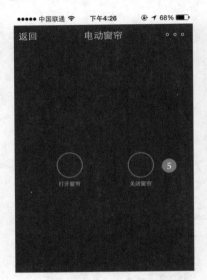

⑦弹出"等待学习按键"提示信息，智能主机设备黄色灯亮起，将电动窗帘遥控器对准智能主机设备，按下遥控器的关闭窗帘按键，智能主机设备黄色灯熄灭，表示完成学习。

⑧学习完电动窗帘按键之后，就可以通过手机 APP 电动窗帘遥控面板的"打开窗帘"和"关闭窗帘"按键代替电动窗帘原有的遥控器，从而控制电动窗帘的开合。

5.5　更多玩法

1. 定时开关电动窗帘

早上 6:30，当我们睁开双眼的时候，卧室的窗帘自动缓缓打开，温暖的阳光轻洒入室内，又迎来美好的一天；晚上 10:30，卧室的窗帘自动缓缓关闭，仿佛在告诉我们，到了睡觉的时间。接下来就通过定时操作来实现上述功能吧。下面讲解具体实现的步骤：

①打开智能主机 APP 软件，点击"电动窗帘"按钮，进入电动窗帘遥控面板。

②在电动窗帘遥控面板长按"打开窗帘"按键。

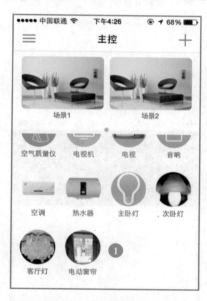 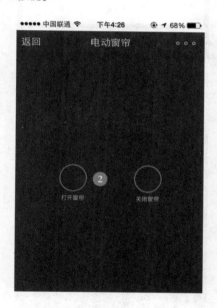

③在弹出菜的单中选择"定时开启"。

④设置开启时间为 6:30。

⑤设置"重复"选项为"全部"，也可以按照个人需求设置。

⑥设置定时任务名称为"早上 6:30 打开窗帘"。

⑦各个选项设置完成后，点击"保存"按钮，保存定时任务，完成定时自动打开窗帘的功能。

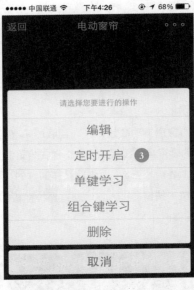

⑧在电动窗帘遥控面板长按"关闭窗帘"按键。

⑨在弹出的菜单中，选择"定时开启"选项。

⑩设置开启时间为 22:30。

⑪设置"重复"选项为"全部",也可以按照个人需求设置。

⑫设置定时任务名称为"晚上 10:30 关闭窗帘"。

⑬各个选项设置完成后,点击"保存"按钮,保存定时任务,完成定时自动关闭窗帘的功能设置。

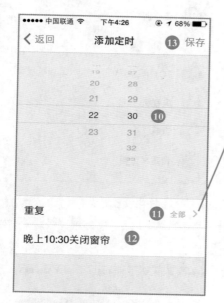

经过上面的步骤,实现了所需要的定时功能:早上 6:30 自动打开电动窗帘,晚上 10:30 自动关闭电动窗帘。

2. 手势遥控电动窗帘

前面已经增加了电动窗帘遥控面板,通过点击"打开窗帘"和"关闭窗帘"按键,实现了电动窗帘的打开和关闭。如果想增加一些有趣的电动窗帘遥控面板,那么可以试试通过手势去操作电动窗帘。下面以"晃动手机"实现电动窗帘的打开为例,讲解具体实现方法:

❶点击 APP 右上角的"+"按钮,在弹出的列表中选择"添加遥控",进入"添加遥控"界面。

❷在"添加遥控"界面选择"手势"模块。

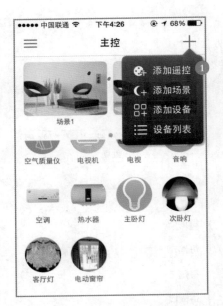

③ 主界面增加了"手势"按键，点击此按键进入个性化设置界面。

④ 在个性化设置界面，可以自定义模块信息、创建快捷方式、创建定时任务以及手势学习等。

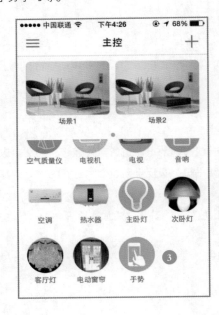

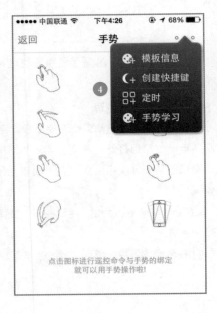

⑤ 在个性化设置界面点击"…"按钮，在弹出的列表中，选择"模板信息"选项。

⑥ 进入"模板信息"界面，可以设置自定义模块的图标和名称。

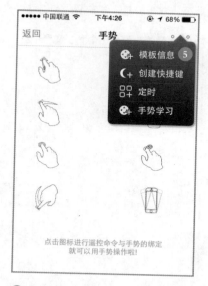

⑦ 点击"头像"，可以通过拍照或者从相册选取已有图像作为自定义模块图标。

⑧ 点击"名称"，可以自定义模块名称，这里设置为"电动窗帘"。

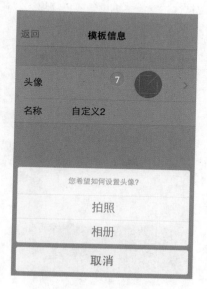
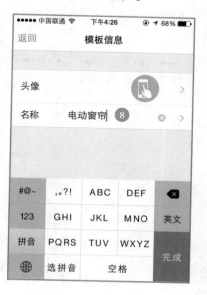

⑨ 在个性化设置界面点击"…"按钮，在弹出的列表中，选择"手势学习"选项。

⑩ 进入手势学习界面，一共有 8 种手势可以学习，分别为向上滑动屏幕、向下滑动屏幕、向左滑动屏幕、向右滑动屏幕、点击屏幕、双击屏幕、画左箭头和晃动手机。

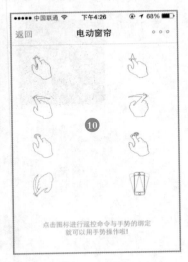

⑪ 点击"晃动手机"按钮。

⑫ 弹出"等待学习按键"提示信息，智能主机设备黄色灯亮起，将电动窗帘遥控器对准智能主机设备，按下遥控器的打开窗帘按键，智能主机设备黄色灯熄灭，表示完成学习。

⑬手势按键学习完成之后，原来的"晃动手机"按键变为蓝色。

⑭经过上面的设置，就可以通过晃动手机来打开电动窗帘了。

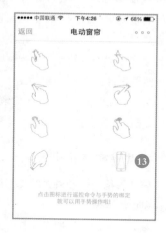

5.6　生活小实例

试想一下，夜幕降临，窗帘自动关闭，灯光变暗，渐渐进入美好的梦乡；清晨来临，窗帘缓缓开启，迎接清晨的第一缕阳光，美好的一天又开始了……

很幸运，这样的场景已经不再是科技大片的专属，而是完全可以出现在家里。怎么样，是不是感觉到生活的品质一下提升了很多呢？

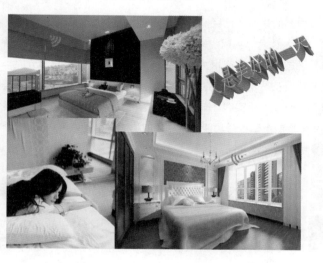

实例1　窗帘自动开，要的不只是一种方便，更是一种浪漫

洪龙是典型的理工男，由于不太懂浪漫，总是被妻子埋怨。最近他迷上了智能家居，就自己在家中动手安装了一套智能化自动控制窗帘。这天晚上工作一天的妻子回到家中，像往常一样收拾完，准备去关窗帘，然后上床睡觉。这时洪龙叫住了妻子，说要给她变个戏法，于是他从容地拿出手机，轻轻点击窗帘关闭按钮，老婆看到窗帘自己关上了，表情惊讶地看着他，他很是得意地说："这是给你的惊喜，以后再也不用你去开关窗帘了。"本来困意十足的妻子，顿时精神起来，不停地追问他是怎么做到的……洪龙还给妻子讲了更多有趣的玩儿法，不懂浪漫的理工男也能利用自己的优势浪漫一下了。

实例2　安装智能窗帘，文艺男变身技术男

同样作为一个理工男，轩轩的性格正好和洪龙相反，是一个风度翩翩且很有女人缘的男子，因此大家就亲切地称他为"轩姐"，轩轩并不在乎，反而乐于享受这样的状态，经常在家中举办各种聚会，自然会有不少女性朋友光临，活动当中轩轩也会绞尽脑汁想出各种点子博在场宾客一乐。这天无意当中轩轩接触了智能家居，就一下来了灵感，回家便动手组装了一套智能窗帘，晚上当他带着一群朋友进入家门时，只见客厅的窗帘缓缓关闭，仿佛是在欢迎他们，看着在场的朋友惊讶的表情，轩轩满意极了。以后大家对轩轩又多了一些佩服，原来他不仅仅只是个爱玩的公子哥，还是个技术达人呀！

5.7　本章小结

经过本章内容的学习，已经能够实现用手机控制家中电动窗帘。本章首先明确了所要实现的功能，然后对实现的原理进行了简单介绍；由于电动窗帘的种类比较多，且构造复杂，于是对电动窗帘相关知识进行了介绍，通过这一部分的学习，读者应该对电动窗帘的种类及基本组成有了一定了解，并能够根据自己的实际需要选择适合自己的电动窗帘；通过动手实践环节，对电动窗帘的安装和设置进行了详细讲解，并对定时功能、手势控制电动窗帘功能等个性化的功能进行了讲解。

赶快把家中窗帘智能化吧。

■ 读书笔记

重要

读书笔记

重要

第6章
健康生活——
空气质量看得见

你是否一直梦想能有一天可以通过手机实时查看室内空气质量、温度、湿度等环境指标？是否希望在房间空气质量差时，自动打开空气净化器？是否希望在房间干燥时自动打开加湿器？还有更多有趣的，下面一起进入本章的学习吧。

6.1　要实现的功能

通过本章的学习，能够实现如下功能：

（1）通过手机实时查看室内空气质量、温度、湿度等环境指标。

（2）家中设备能够自动感知室内各种环境指标，并自动执行设定的操作。

6.2　原理探究

我们一天中有很长的时间是处在室内的，那么对于室内的空气质量、室内温度、室内湿度等环境指标，是否有所了解呢？有没有什么办法能够实实在在地"看到"这些环境指标呢？

各种各样的传感器为此提供了可能。传感器是能够感受规定的被测量，并按照一定的规律转换成可用输出信号的器件或者装置。通过安装温度传感器，能够测量室内的温度信息；通过湿度传感器，能够测量室内的湿度信息；通过各种各样传感器的配合，就能够对家中

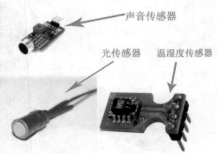

声音传感器

光传感器　　温湿度传感器

的环境指标有一个清晰的认识。

　　多种多样的传感器为检测各种环境指标提供了方便，但是也给普通用户的使用提高了技术门槛，那么有没有一款成熟的产品，能够集各种传感器于一身，同时又方便用户使用呢？智能环境监测仪很好地满足了这一需求。

　　伴随着智能家居的逐渐升温以及人们对环境质量关注度的提高，许多智能家居厂家推出了自己的智能环境监测仪，下面为大家展示目前市面上的几款产品。

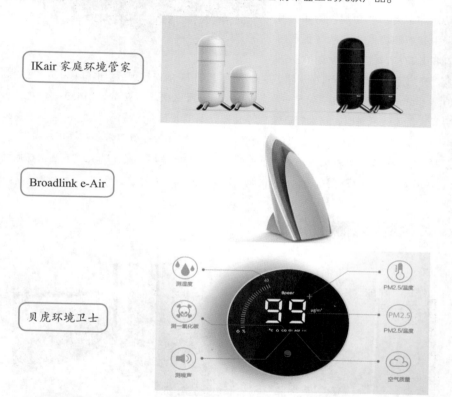

IKair 家庭环境管家

Broadlink e-Air

贝虎环境卫士

　　智能环境监测仪内部含有各种智能环境监测传感器模块（如环境温度、湿度、光照等监测模块），通过这些传感器模块来实时监测室内环境参数。不同厂家所提供的智能环境监测仪所具有的传感器模块的数量往往不同，有些智能环境监测仪还有扩展接口，方便用户个性化添加传感器模块，用户可以根据自己的需要选择合适的产品。智能环境监测仪一般还提供与产品配套的手机 APP 软件，通过安装手机 APP 软件，就能实现实时查看各种环境指标。

　　通过智能环境监测仪不仅能够实时查看环境指标，而且通过一些个性化的设置，还能够实现接收到环境参数超标提醒、自动与家中设备进行联动等非常有用的功能。下面对环境监测仪与家中设备联动功能进行简单介绍。

环境监测仪与家中设备联动是非常有用的功能，例如，当家中智能环境监测仪检测到室内PM2.5超标，将自动发送控制指令，开启空调换气及空气净化器。联动是通过 IFTTT 功能实现的。IFTTT 是英文 if this then that 的缩写，即如果满足一定条件（this），那么执行相应操作（that）。例如，当房间空气质量变差时，自动打开空气净化器，写成 IFTTT 的写法就是"if 空气质量差 then 打开空气净化器"。通过 IFTTT 操作，可以让家中设备真正做到"独自思考"。对于联动功能的实现，需要与前面章节所讲的内容配合使用，具体的实现方法将在后面的实践环节进行详细讲解。

6.3　动手去做

这里以 Droadlink e-Air 智能单品为例进行讲解。

这里选择 Droadlink e-Air 智能单品，主要是基于以下方面考虑：

☆ 该产品与前面章节讲到的智能主机所使用的是同一款手机 APP，这样用户就无须在不同的智能单品 APP 之间进行切换了。

☆ 该产品的联动功能需要与前面章节手机实现控制的设备进行配合。

由于目前智能家居的行业标准还不统一，不同厂家之间的产品无法做到互联互通，但随着智能家居的发展，一定能够真正实现不同智能单品"随心所欲"进行搭配。

1. 安装智能环境监测仪

打开购买的智能环境监测仪包装，找到其中的电源适配器、USB/ 电源线、智能环境监测仪。将 USB/ 电源线分别与电源适配器和智能环境监测仪连接，电源适配器接通电源，此时智能环境监测仪设备绿色指示灯快闪（5 ~ 6 次 / 秒），表示设备处于配置状态；若设备不处于配置状态，可以用尖细的针或者牙签长按智能环境监测仪上的 Reset键 3 秒以上，直至绿色灯快闪(5 ~ 6 次 / 秒)，即表示设备复位为配置状态。

智能环境监测仪设备实物安装如下图所示。

智能环境监测仪

电源适配器　　　　　　　　USB/电源线

当设备处于配置状态时，绿色指示灯快闪（5～6次/秒），如下图所示。

需将设备复位，只需用尖细的针或牙签长按 Reset 键 3 秒以上，直至绿色指示灯快闪即可。Reset 键位置见下图红色框标注处。

2. 手机连接智能环境监测仪

> 智能环境监测仪所用手机 APP 软件与智能主机所用 APP 软件为同一款，如何安装 APP 软件，可以参看第 2 章内容。

❶ 将手机连接至家中 Wi-Fi，这里连接 Wi-Fi 名称为 Emily 的无线网络。

❷ 在智能环境监测仪处于配置状态下（绿色灯快闪 5～6 次/秒），打开智能环境监测仪 APP 软件，点击右上角的 "+" 按钮。

❸ 在弹出的列表中选择 "添加设备" 选项。

④ 进入"添加设备"界面，输入手机所在 Wi-Fi 名称，这里 Wi-Fi 名称应该与手机目前所连接 Wi-Fi 名称一致。

⑤ 输入手机所连接 Wi-Fi 密码。

⑥ 确认 Wi-Fi 名称和 Wi-Fi 密码无误后，点击"检测"按钮。

⑦ 此时空气质量监测仪绿色灯慢闪至熄灭，表示设备配置成功；若不成功，则重复以上操作步骤，直至配置成功。配置成功后，在主界面中会显示"空气质量仪"按键。

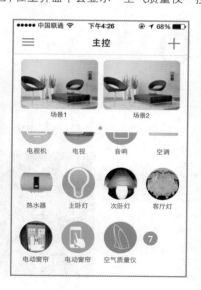

至此，完成智能手机与智能环境监测仪通过无线路由器进行连接；如果路由器可以连接互联网，那么不需要额外的配置，智能手机就可以在 2G/3G 网络下与家中智能环境监测仪进行连接。

3. 查看各种环境指标

手机连接智能环境监测仪之后，就可以通过智能环境监测仪查看家中各个环境指标。

1 点击手机 APP 主界面"空气质量仪"按键，进入环境指标显示界面。

2 在环境指标显示界面可以查看当前的环境湿度、温度、光照、声音以及空气质量。通过空气质量监测仪的 USB 扩展接口，还可以通过增加扩展模块实现更多参数的观测。

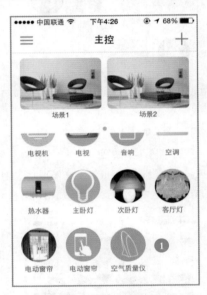

另外，当室内空气质量变差后，不仅可以通过手机 APP 进行查看，还能够通过智能环境监测仪红色指示灯报警，如下图所示。

4. 联动操作

通过联动功能，能够实现更多个性化需求。接下来就来实现如下功能：周一到周五，每天 8:00—18:00，当空气质量变差时，自动开启空气净化器。

❶点击手机 APP 主界面"空气质量仪"按键，进入环境指标显示界面。

❷在环境指标显示界面，点击右上角的"…"按钮。

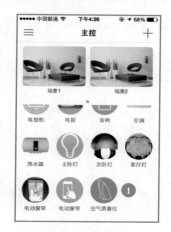

❸在弹出的列表中选择"联动"。

❹进入"联动设备列表"界面，这里会显示设置成功的联动操作。

❺点击右上角的"+"按钮，可以添加联动操作。

❻在"设置任务"界面，可以进行各种设置，其中，"如果……那么……"也就是前面的 IFTTT。

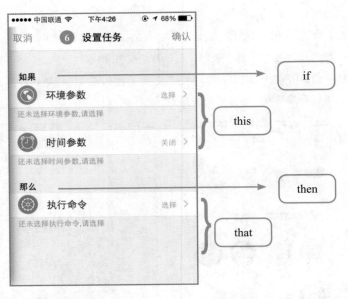

7 选择"环境参数"选项。

8 提示"选择一条环境参数"，这里选择"空气质量"选项。

9 在"选择空气质量参数"界面选择"差"选项。

10 设置完成后，可看到设置结果。

11在"设置任务"界面选择时间参数。

12打开"设定时间"开关。

13设定时间为"从 08:00 至 18:00",重复选项为周一至周五,点击"保存"按钮。

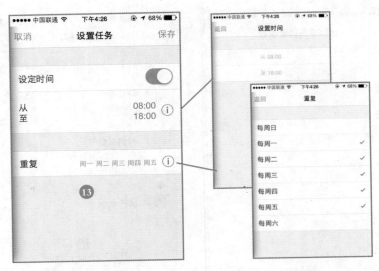

14 相关的条件设置完毕，接下来设置当满足这些条件时要执行的命令。在"设置任务"界面选择"执行命令"。

15 选择"空气净化器"遥控面板。

> 空气净化器相关功能的设置，可参看第 2 章内容，参照电视与音响设置步骤，添加空气净化器遥控面板，并学习相应按键。

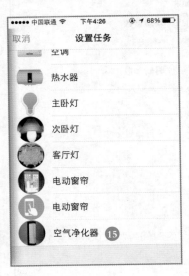

⓰在"空气净化器"遥控面板点击"打开"按键。

⓱提示输入所选按键执行命令名称,为方便识别,这里设置为"打开空气净化器"。点击"确定"按钮,完成执行命令的设置。

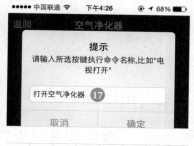

⓲在"设置任务"界面检查各个设置选项,检查无误后,点击"确认"按钮,保存设置。

⓳设置保存后,在"联动设备列表"界面即可看到已经设置的联动任务。

经过前面一系列设置，完成了如下任务：周一到周五，每天 8:00—18:00，当空气质量变差时，自动开启空气净化器。

> 智能空气监测仪的联动功能非常好玩儿，大家可以根据自己的想法，设置出更多新鲜有趣的功能。如果遇到家中一些设备不知如何控制，那么建议大家翻看一下前面的章节，也许会激发你的灵感。

6.4　生活小实例

近些年，空气质量越来越受到人们关注，同时人们也越来越注重自己的生活品质。

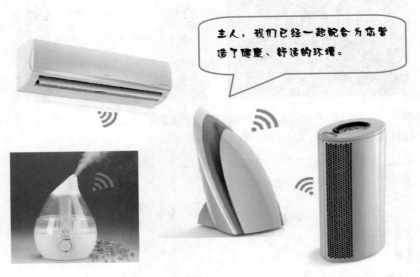

吴经理是一个特别注重生活品质的人，在家自己安装了一款智能环境监测仪，不但可以时时查看家中空气的质量、温度、湿度等信息，还可以和空气净化器、空调、加湿器等设备进行联动。

现在，吴经理下班之后再也不用手动去调节空调、空气净化器、加湿器，智能环境监测仪已经能够和家中空气净化器、空调、加湿器等设备"默契配合"，自动将家中环境参数调节到之前设定的状态，回到家就能感受到健康、舒适的家庭环境。

下面一起看一下，吴经理是怎么做的吧。

实例 1 　查看室内环境指标

按照本章所讲的方法，正确安装智能环境监测仪，并配置好手机 APP，即可实时查看湿度、温度、空气质量、光照、声音等环境指标。

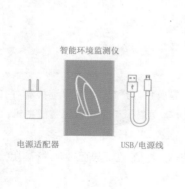

智能环境监测仪

电源适配器　　　　USB/电源线

实例2　与室内空调联动，实现室内温度控制

> 　　智能环境监测仪与空调联动，前提是借助于智能主机设备，实现智能手机控制空调，如何下载智能主机APP软件、智能主机设备的安装以及手机如何与智能主机进行连接，可以参看第2章内容。下面详细讲解一下如何添加云空调，其控制原理也可参考第2章内容。

❶点击APP右上角的"+"按钮，在弹出的列表中选择"添加遥控"，进入"添加遥控"界面。

❷在"添加遥控"界面选择"云空调"模块。

❸提示"等待学习按键"，此时智能主机设备黄色灯亮起，将空调遥控器对准智能主机设备，按下空调遥控器开关、模式、温度加减等任意一个按键，智能主机设备黄色灯熄灭，表示匹配成功，即可在主界面出现"云空调"按键。

❹点击主界面"云空调"按键，进入"云空调"界面，在此界面可以进行温度加减、风速调节、模式切换等设置。

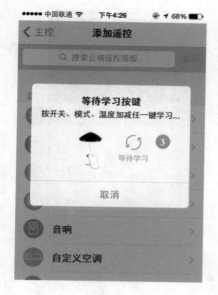

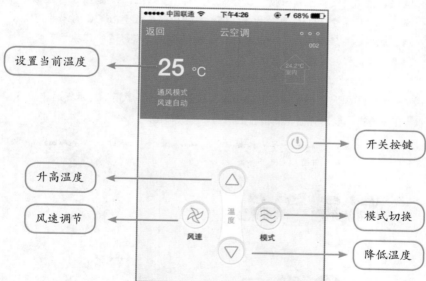

⑤ 其中，模式有5种：自动模式、制冷模式、除湿模式、通风模式和制热模式。

⑥ 风速调节有4种模式：风速自动、风速弱、风速中和风速强。

　　添加完成云空调后，接下来实现智能环境监测仪与空调的联动功能。吴经理根据自己的生活习惯，设置如下：周一至周五，每天 18:00—22:00，当室内温度高于 28℃，自动打开空调；当室内温度低于 26℃，自动关闭空调。这样，吴经理下班后一进家门，就能够享受清凉舒适的环境。下面一起看一下吴经理是怎么做的吧。

① 点击手机 APP 主界面"空气质量仪"按键，进入环境指标显示界面。

② 在环境指标显示界面，点击右上角的"…"按键。

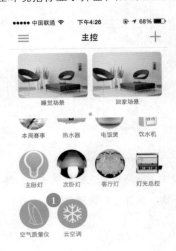

③ 从弹出的列表中选择"联动"。

④ 进入"联动设备列表"，这里会显示设置成功的联动操作。

⑤ 点击右上角的"+"按钮，可以添加联动操作。

⑥ 在"设置任务"界面，可以进行各种设置。

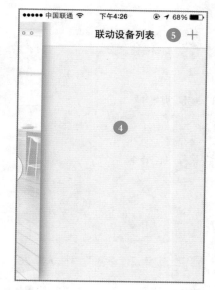

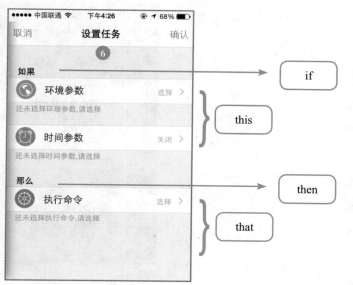

⑧弹出"选择一条环境参数"提示信息，选择"温度"选项。

⑨在"选择温度参数"界面选择 28℃，提示选择变化趋势，选择"上升"选项。

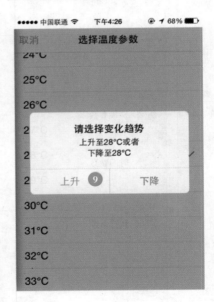

⑩设置完成后，可看到设置结果。

⑪在"设置任务"界面选择"时间参数"。

⑫打开"设定时间"开关。

⑬设定时间为"从 18:00 至 22:00"，重复选项为"周一至周五"，点击"保存"按钮。

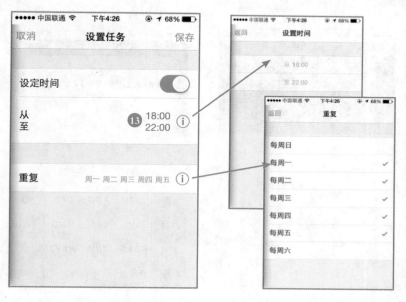

⑭在"设置任务"界面选择"执行命令"选项。

⑮选择"云空调"遥控面板。

⑯从"云空调"遥控面板点击开关按键。

⑰提示输入所选按键执行命令名称，为方便识别，这里设置为"打开空调"。点击"确定"按钮，完成执行命令的设置。

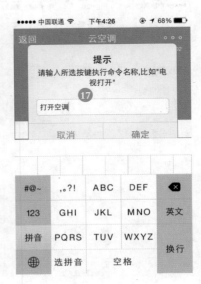

⑱在"设置任务"界面检查各个设置选项，检查无误后，点击"确认"按钮，保存设置。

⑲设置保存后，在"联动设备列表"界面，即可看到已经设置的联动任务。

⑳吴经理用同样的方法添加了周一至周五，每天 18:00—22:00，当室内温度低于26℃，自动关闭空调的功能。

经过前面一系列设置，周一至周五，每天 18:00—22:00，当室内温度高于 28℃时，自动打开空调；当室内温度低于 26℃时，自动关闭空调。这样，吴经理下班后再也不用匆忙地打开空调了。

实例3　与室内空调和加湿器配合，实现室内湿度控制

室内湿度不宜过高或过低，湿度过高，人体散热就比较困难；湿度过低，则空气干燥，人的呼吸道会干涩难受。家有宝宝的吴经理对室内湿度特别重视。以前吴经理购买了湿度表和加湿器，当湿度过高时，就会手动打开空调的除湿模式；当湿度过低时，就会手动打开加湿器。现在有了智能环境监测仪，吴经理再也不用时刻操心室内湿度了，经过一番设置，吴经理已经能够实现如下功能：周一至周五，每天 18:00—22:00，当室内湿度高于 50% 时，空调便会自动切换至除湿模式；当室内湿度低于 40% 时，加湿器会自动工作。

❶ 点击手机 APP 主界面"空气质量仪"按钮，进入环境指标显示界面。

❷ 在环境指标显示界面，点击右上角的"…"按钮。

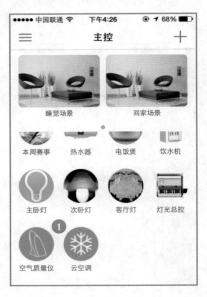

③从弹出的列表中选择"联动"。

④进入"联动设备列表"界面，会显示设置成功的联动操作。

⑤点击右上角的"+"按钮，可以添加联动操作。

⑥在"设置任务"界面可以进行各种设置。

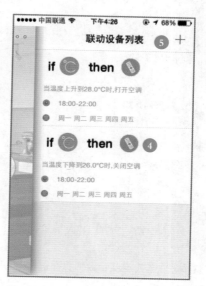

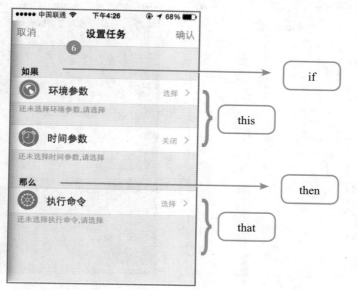

⑦ 在"设置任务"界面选择"环境参数"。

⑧ 弹出"选择一条环境参数"提示信息，这里选择"湿度"。

⑨ 在"选择湿度参数"界面选择50％，提示选择变化趋势，选择"上升"。

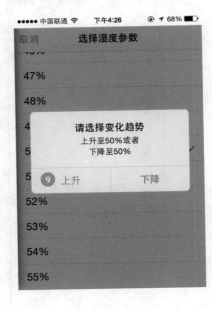

⑩设置完成后，可看到设置结果。

⑪在"设置任务"界面，选择"时间参数"。

⑫打开"设定时间"开关。

⑬设定时间为"从18:00到22:00"，重复选项为"周一至周五"，点击"保存"按钮。

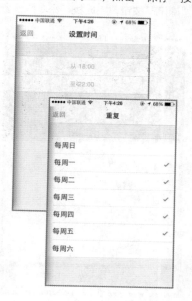

⑭ 在"设置任务"界面选择"执行命令"。

⑮ 选择"云空调"遥控面板。

⑯ 从"云空调"遥控面板的菜单中选择"除湿模式"。

⑰ 提示输入所选按键执行命令名称,为方便识别,这里设置为"切换至除湿模式"。点击"确定"按钮,完成执行命令的设置。

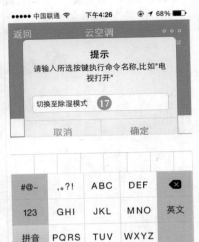

⑱ 在"设置任务"界面检查各个选项，检查无误后点击"确认"按钮，保存设置。

⑲ 设置保存后，在"联动设备列表"界面中，即可看到已经设置的联动任务。

⑳ 吴经理用同样的方法，添加了周一至周五，每天 18:00—22:00，当室内湿度低于 40% 时自动打开加湿器的功能。

经过前面一系列设置，周一至周五，每天 18:00—22:00，当室内湿度高于 50% 时，空调便会自动切换至除湿模式；当室内湿度低于 40% 时，加湿器会自动工作。吴经理再也不用为调节室内湿度而烦恼了。

实例 4　与室内空气净化器配合，实现室内空气质量控制

> 　　空气质量也是吴经理非常关心的一个室内环境指标。以前吴经理会经常开窗通风，但是现在空气污染越来越严重，因此吴经理花了很多钱买了一台空气净化器。通过与智能环境监测仪配合，吴经理不仅能够时刻看到空气净化器的净化效果，而且还能够使空气净化器与智能环境监测仪联动，根据室内环境质量自动调节空气质量。
>
> 　　具体操作可参看本章"动手去做"部分内容。

最终吴经理动手实现了如下功能：周一到周五，每天 18:00—22:00，当空气质量变差时，自动开启空气净化器。

6.5　本章小结

本章首先明确了所能实现的功能，紧接着对实现的原理进行了介绍，并对各个智能环境监测仪进行了对比，最后对智能环境监测仪的安装、手机连接、查看室内环境指标、联动操作进行了详细介绍。通过本章的学习，不仅能够实时查看家中空气质量，而且通过智能环境监测仪的联动功能实现了与家中设备互动操作，让家中设备真正能够做到"独立思考"。

是不是也想看一下家里的环境参数？还有更多好玩的等着你发现，赶快行动起来吧。

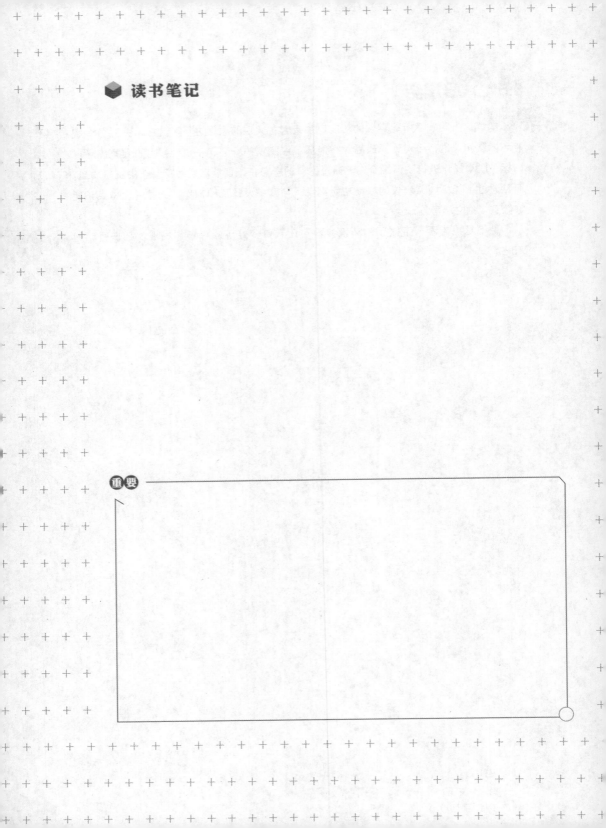

读书笔记

重要

第7章

了如指掌——
智能安防保家安

经常出差，担心家里被盗？不放心老人、孩子独自在家？上班路上，想看下家里的情况？这些都不是梦，下面一起进入本章内容的学习吧。

7.1 要实现的功能

通过本章的学习，能够实现如下功能：

（1）通过手机实时查看家里情况。

（2）实现语音对讲。

（3）实现入侵报警功能。

7.2 原理探究

此处需要用到一个新的智能单品——云摄像头。

云摄像头是安防行业基于云计算、云监控、云存储平台基础上推出的方便手机等移动设备端访问的设备，无须连接电脑，可独立运行，内置 Wi-Fi 模块，可通过家中无线路由器连接至网络，使用者可以在任何地方通过网络连接至家中云摄像头，进而实现视频查看、防盗报警、语音对讲等功能。

目前，市面上的云摄像头产品很多，如百度公司的小度 i 耳目、联想公司的看家宝、海康威视的 C2 等。这些产品各有特色，用户可以根据需求进行选择。

小度 i 耳目　　　联想看家宝　　　海康威视 C2

7.3　动手去做

　　各个厂家提供的云摄像头功能相似度很高，本章以海康威视 C2 云摄像头为例进行讲解。

1.　前提条件

　　确保家中无线路由器已经打开，并连接上互联网，同时手机已经连接至家中无线网络。

2. 下载安装云摄像头 APP 软件

通过电脑访问 http://ys7.com/product-2.html，使用智能手机扫描页面提供的 APP 下载二维码，即可下载安装 APP 软件。

3. 注册新用户

云摄像头 APP 软件安装完成后，需要打开 APP 软件，注册新的用户才能够使用。

① 登录云摄像头 APP 软件，点击"注册新账号"超链接。

② 输入手机号，点击"获取验证码"按钮。

③ 此时手机会收到验证码，输入验证码，点击"下一步"按钮。

④ 如果验证码输入正确，会提示设置账号密码，设置完成后，点击"完成"按钮。

⑤弹出"正在登录，请稍候..."的提示信息。

⑥登录成功后，就可以进行下面的操作了。

> 注册成功后，用户名为注册时输入的手机号，密码为注册时设置的密码，请务必牢记该用户名和密码，后续在该账户下添加的摄像头与该账户是绑定的，一旦一个账户添加一个云摄像头后，除非该用户与已添加的云摄像头解绑，否则其他用户将无法添加该云摄像头。

4. 安装云摄像头

将设备接通电源，如需增加存储装置，可以搭配 Micro SD 存储卡。另外，云摄像头除了可以通过无线方式连接无线路由器外，还可以通过网线与路由器连接。

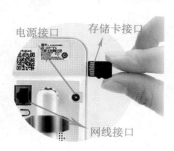

5. 手机连接云摄像头

① 打开云摄像头 APP 软件，输入用户名和密码，登录成功后，点击右上角的 "+"
按钮。

② 通过扫描设备机身或者说明书上的二维码或条形码添加设备。

③ 已经正确识别设备，但是未连接网络，点击 "下一步" 按钮。

④ 设备型号选择 C2。

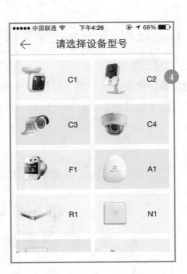

⑤ 输入手机所连接 Wi-Fi 密码，点击 "下一步" 按钮。

⑥连接 Wi-Fi 的过程大概需要等待 1 分钟。

⑦设备添加成功,点击"完成"按钮即可进入云摄像头主界面,进行更多个性化的设置以及使用云摄像头的各项功能。如果添加设备失败,可以通过下面 3 个方法解决问题。

1. 检查 Wi-Fi 密码是否输入正确。
2. 长按云摄像头背部复位按键,对设备进行复位,再重复前面操作。
3. 通过有线的方式进行连接。

⑧进入云摄像头设备主界面，即可看到已经添加的设备，通过点击右上角的"+"按钮，可以添加更多云摄像头。

⑨为了识别不同的云摄像头，可对设备名称进行修改。点击设备名称右侧的">"按钮。

⑩继续点击设备名称右侧的">"按钮。

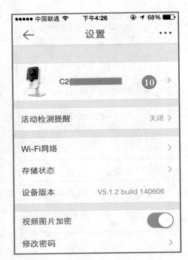

⑪修改云摄像头名称，这里修改为"客厅"。

⑫修改成功后，即可看到"客厅"云摄像头。

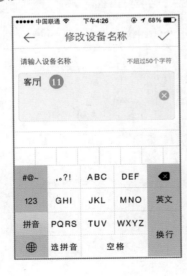

6. 通过手机实时查看家里情况

① 点击"客厅"云摄像头图标。

② 在视频监测界面能够实时查看客厅视频信息。

7. 实现语音对讲

云摄像头的语音对讲功能非常有用，仿佛一部可视电话，可以通过语音对讲与家中老人、孩子进行面对面交流。

① 在视频监测界面点击语音对讲按钮。

② 按住对讲按钮，即可实现语音对讲。

8. 实现入侵报警功能

家中无人时，开启入侵报警功能，当云摄像头监测到有人进入时，会实时推送报警信息至手机，以便用户及时采取措施防止家中被盗。

① 在视频监测界面点击右上角的"设置"按钮。

② 选择"活动检测提醒"，默认是"关闭"状态。

③ 打开"活动检测提醒"开关，并设置"提醒时间段"和"提醒声音模式"。

④ 打开"活动检测提醒"开关后，当发生人体感应事件时，手机会收到推送信息提醒。

⑤点击消息提醒，即可查看消息录像和现成录像等详细报警信息。

7.4　生活小实例

实例 1　家有智能安防，出差再也不怕

　　赵先生是一位业务员，经常要到全国各地跑业务，有一次出差长达一个多月，回家后发现家中被盗，但小区的摄像头已经年久失修，根本没有半点线索，报了警也是杳无音讯，只能吃哑巴亏。后来他自己在家中安装了一套智能安防设备，只要家中联网，设备就能感应到人的进出，并第一时间把感应信息发送到用户的手机上，用户便可立刻打开手机，实时查看家中情况。

　　下面一起去看一下赵先生是怎么做的吧。

　　赵先生经过一番努力，已经正确安装完成云摄像头，并且将云摄像头与自己的智能手机成功连接。但是初始状态下，云摄像头并没有开启报警监测功能，需要用户手动开启。

① 点击手机 Home 界面云摄像头 APP，进入云摄像头登录界面。

② 在登录界面输入用户名和密码进行登录，如果忘记密码，可以点击屏幕上的"忘记密码"超链接；如果是第一次使用，可以点击"注册新账号"超链接。由于赵先生已经注册过，因此直接输入用户名和密码登录。

③ 登录成功后，即可进入云摄像主界面，这里可以看到赵先生已经添加的"客厅"云摄像头，点击"＞"按钮。

④ 进入客厅云摄像头设置界面，可以看到"活动检测提醒"目前为"关闭"状态。点击"活动检测提醒"，进入"活动检测提醒"界面。

⑤在"活动检测提醒"界面可以设置"活动检测提醒开关"、"提醒时间段"和"提醒声音模式"。

⑥将"活动检测提醒"设置为开启状态。

⑦点击"提醒时间段",设置在什么时间进行报警提醒。

⑧可以设置提醒的时间段和重复次数。

⑨由于赵先生需要出差一段时间，因此提醒时间段设置为每天 24 小时提醒。

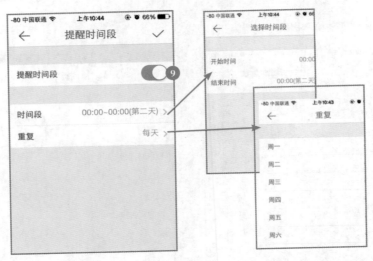

⑩对于提醒声音模式，赵先生选择了"警报模式"，这样对于陌生人的闯入，会进行强烈警告。

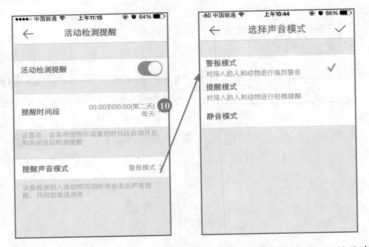

经过前面的一系列设置，赵先生已经成功完成了"家庭安防"设置，从此出差在外，再也不用担心家中被盗了。

另外，对于赵先生来说，智能安防设备语音对讲功能也非常实用。有一次家中进了小偷，远在外地的赵先生收到信息后就马上采取措施，直接对着家中的小偷说："你已被发现，警察两分钟后赶到"，小偷则慌乱而逃。

实例 2　实时观看家中情况，老人孩子放心在家

像很多中年人一样，陈先生的家庭是一个典型的上有老下有小的家庭。平时工作繁忙的陈先生和陈太太根本没有时间照顾孩子，就请来老人来照顾小孩。但是孩子还小，老人年纪也大了，有一次老人在家看孩子时不小心摔倒骨折，这让陈家夫妇很担心。后来陈先生在家里的阳台、厨房、客厅等地方都安装了智能安防设备，可以实时观看家中的情况。孩子爬到阳台有危险，陈太太可以第一时间通过语音阻止孩子；老人不小心摔倒，陈先生可以迅速赶回家进行处理，或者请求物业、邻居帮忙。现在他们在外面上班，也放心老人和孩子在家了，还能利用工作的闲暇时间与他们聊聊天。这样简单的方式帮了他们不少忙。

7.5　本章小结

通过本章的学习，对智能安防有了一定的了解，通过正确安装云摄像头，实现了实时视频监测、语音对讲、入侵监测等功能。

读书笔记

重要

第8章

自由搭配——
打造炫酷生活

　　睡觉前，手机轻轻一按，家中窗帘、灯光、电视等设备像中了魔法般，依次按照设定顺序执行命令；回家前，家中各个设备也"纷纷表现"，欢迎主人回家；约会时，窗帘、音响、灯光准时为我们服务……

　　一起进入本章的学习，打造炫酷生活吧！

经过前面几章的学习，已经能够控制家里很多设备，实现了很多个性化的功能，先来回顾一下第 1 章中讲到的整体实现过程及原理。

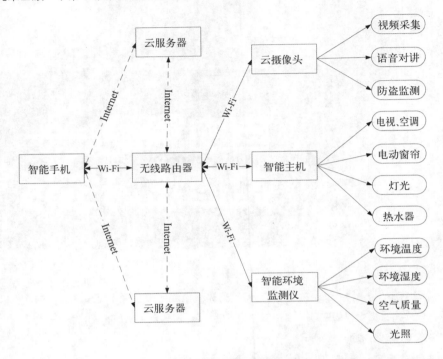

使用智能手机，借助于无线技术，通过各个智能单品的精心组合去控制家里的电视、空调、热水器、电饭煲、饮水机、灯具、电动窗帘等，并实现环境质量监测与智能安防。

前面讲到的一些功能已经能够很好地丰富了日常生活，然而如果能够将这些分散的功能，按照需要进行自由搭配，将会打造更加炫酷的生活。

8.1 场景 1：睡觉场景

下面要实现这样的场景：睡觉前，通过一键选择"睡觉场景"，窗帘缓缓关闭，电视关闭，卧室内灯关闭。下面讲解具体的实现方法。

❶ 点击手机 APP 主界面"场景 1"按钮，进入"场景编辑"界面。

❷ 在"场景编辑"界面，修改场景名称为"睡觉场景"。

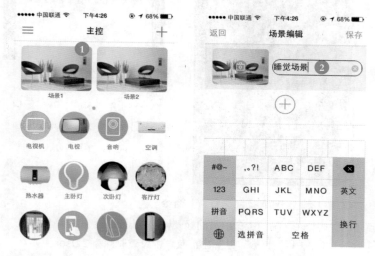

❸ 接下来设置"睡觉场景"需要执行的操作命令，点击添加指令按钮。

❹ 进入控制列表，提示"选择一条控制命令，添加到场景"，选择"电动窗帘"。

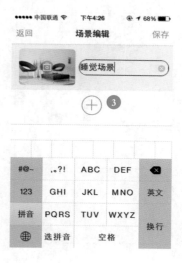 

⑤ 在"电动窗帘"遥控面板点击"关闭窗帘"按键。

⑥ 输入所选按键要执行的命令名称，这里设置为"关闭窗帘"，点击"确定"按钮，完成命令的添加。

⑦ 场景编辑界面已经增加"关闭窗帘"命令。

⑧ 点击"关闭窗帘"命令上方的时间标签，可以设置在点击"睡觉场景"按钮后，多长时间执行"关闭窗帘"命令。从弹出的菜单中设置时间为2.0sec。

⑨ 点击"确定"按钮，设置在点击"睡觉场景"按钮2秒后，才会执行"关闭窗帘"命令。

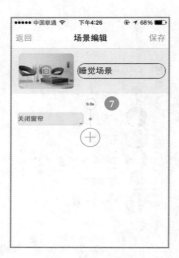

⑩经过以上步骤，完成了"睡觉场景"电动窗帘关闭命令的添加。

⑪用同样的方法，添加其他所需的命令：2 秒后关闭电视、1.5 秒后关闭卧室灯。

⑫所有命令设置完成后，点击右上角的"保存"按钮，完成"睡觉场景"的设置。

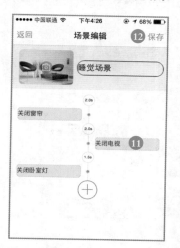

⑬设置完"睡觉场景"后，如需执行该场景，只需在手机 APP 主界面点击"睡觉场景"按键即可。

⑭显示正在执行"睡觉场景"命令。

⑮显示"睡觉场景"命令执行完毕。

⑯设置完成"睡觉场景"命令后，由于点击该场景按键时，执行该场景命令，因

此如果需要修改该场景，需要长按"睡觉场景"按键，从弹出的菜单中选择"编辑"，即可对所设置的场景进行修改。

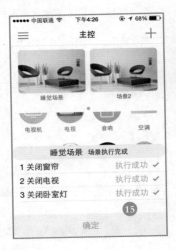

8.2　场景2：回家场景

下面要实现这样的场景：回家前，通过选择"回家场景"，可以实现电饭煲打开，热水器打开，空调打开。下面讲解具体实现方法。

❶点击手机 APP 主界面"场景2"按键，进入"场景编辑"界面。

❷在"场景编辑"界面修改场景名称为"回家场景"。

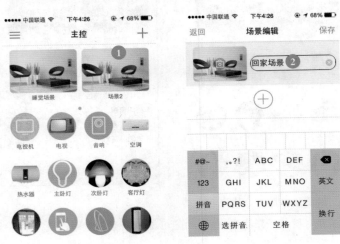

❸接下来设置"回家场景"需要执行的操作命令，点击添加指令按钮。

❹进入控制列表，提示"选择一条控制命令，添加到场景"，选择"空调"。

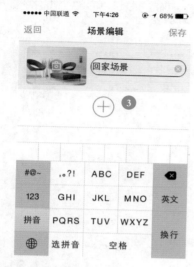

❺在空调遥控面板选择"打开空调"按钮。

❻输入所选按钮要执行的命令名称，这里设置为"打开空调"，点击"确定"按钮，完成命令的添加。

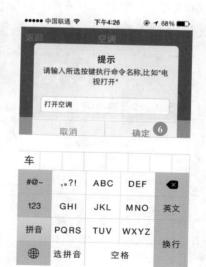

❼场景编辑界面已经增加"打开空调"命令。

⑧ 点击"打开空调"命令上方的时间标签，可以设置按下"回家场景"按钮后，多长时间执行"打开空调"命令。

⑨ 从弹出的菜单中设置时间为 2.0 sec，点击"确定"按钮，那么在点击"回家场景"按钮 2 秒后才会执行"打开空调"命令。

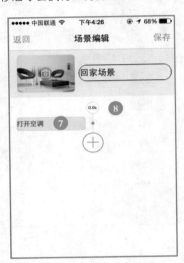

⑩ 经过以上步骤，完成了"回家场景"中"打开空调"命令的添加。

⑪ 用同样的方法添加其他所需命令：2 秒后打开电饭煲、1.5 秒后打开热水器。

⑫ 所有命令设置完成后，点击右上角的"保存"按钮，完成"回家场景"的设置。

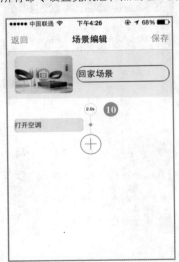
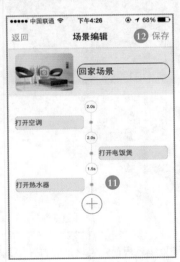

⑬设置完"回家场景"命令后，如需执行该场景，只需在手机 APP 主界面点击"回家场景"按钮即可。

⑭显示正在执行"回家场景"命令。

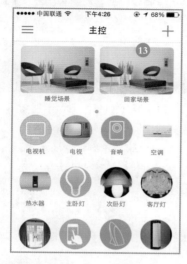
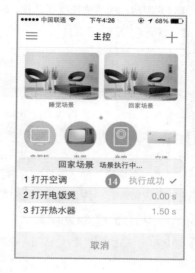

⑮显示"回家场景"命令执行完毕。

⑯设置完成"回家场景"后，由于点击该场景按钮时执行该场景命令，因此如果需要修改该场景，则长按"回家场景"按钮，从弹出的菜单中选择"编辑"，即可对所设置的场景进行修改。

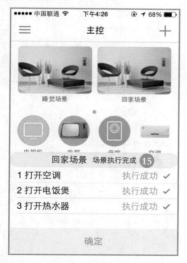

8.3　场景 3：约会场景

一起来设想这样一个约会的场景：为心仪很久的她过生日，进门之后，先给她送上一个温暖的拥抱，然后窗帘缓缓关闭，部分灯光熄灭，背景轻音乐响起，此时拿出一束鲜艳的玫瑰花，倒上一杯红酒……

多么浪漫的约会场景！

那么上述功能是如何实现的呢？

通过前面介绍的"睡觉场景"和"回家场景"的操作方法可以发现，可以实现要执行的命令，但是无法做到定时操作。如果按照前面章节介绍的定时操作，对窗帘、灯光、背景音乐分别设置定时开启时间，则会显得很烦琐。

下面来学习一个新方法——借助智能主机组合键学习已有按键的功能，来简洁、方便地实现"约会场景"的定时操作。下面分两部分讲解具体实现方法：添加"约会场景"遥控面板和设置"约会场景"定时操作。

1. 添加"约会场景"遥控面板

❶点击 APP 右上角的"+"按钮，在弹出的列表中选择"添加遥控"，进入"添加遥控"界面。

❷在"添加遥控"界面选择"自定义 2"模块。

③主界面增加了"自定义 2"按键，点击此按键，进入个性化设置界面。

④在个性化设置界面可以自定义面板信息，添加按键，自定义按键图标、名称、位置等。

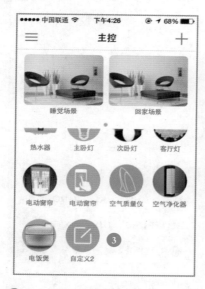

⑤在个性化设置界面点击"…"按钮，在弹出的列表中选择"模板信息"。

⑥进入"模板信息"界面，可以设置自定义模块的图标和名称。

⑦点击"头像"，可以通过拍照或者从相册选取已有图像作为自定义模块图标。

⑧点击"名称"，可以自定义模块名称，这里设置为"约会场景"。

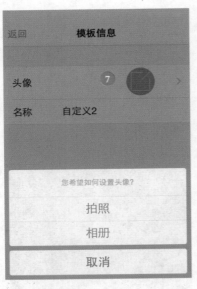

⑨在个性化设置界面点击"…"按钮，在弹出的列表中选择"排序－添加"。

⑩进入"排序－添加"界面，可以添加和修改遥控按键。

⑪点击左上角的 "+" 按钮。

⑫进入按键设置界面。

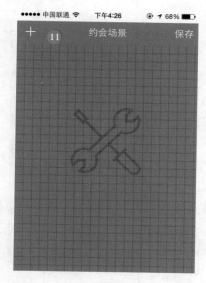

⑬点击 "头像"，可以通过拍照或从相册、图库选取图像作为按键图标。

⑭点击 "名称"，可以自定义按键名称，这里设置为 "约会模式"，点击右上角的 "保存" 按钮，进行保存设置。

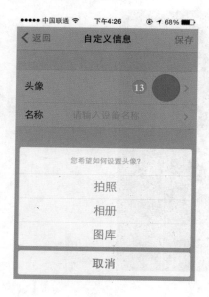
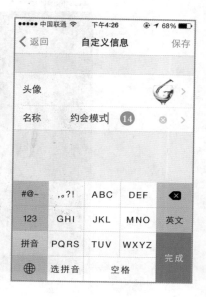

⑮ "排序 – 添加"界面增加了"约会模式"按键。

⑯可以拖动"约会模式"按键至想要的位置，完成后点击"保存"按钮，完成"约会模式"按键的添加。

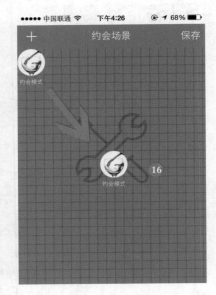

⑰保存后，在"约会场景"界面就能够看到已经添加的"约会模式"按键。

2. 设置"约会场景"定时操作

① 点击"约会模式"按键，从弹出的菜单中选择"组合键学习"。

② 进入"场景编辑"界面，在这里可以添加要执行的命令，点击添加指令按钮。

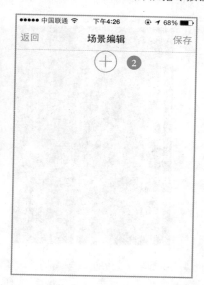

③ 从弹出的菜单中选择"已学习按钮"。

④ 进入控制列表，提示"选择一条控制命令，添加到场景"，选择"电动窗帘"。

⑤在"电动窗帘"遥控面板点击"关闭窗帘"按键。

⑥输入所选按键要执行的命令名称，这里设置为"关闭窗帘"，点击"确定"按钮，完成命令的添加。

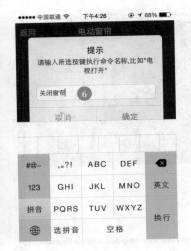

⑦"场景编辑"界面已经增加"关闭窗帘"命令。

⑧点击"关闭窗帘"命令上方的时间标签，可以设置按下"约会场景"按钮后，多长时间执行"关闭窗帘"命令。

⑨从弹出的菜单中设置时间为2.0 sec，点击"确定"按钮，那么点击"约会场景"按钮2秒后，才会执行"关闭窗帘"命令。

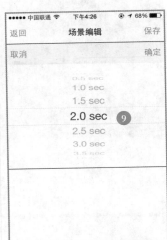

⑩经过以上步骤，完成了"约会场景"电动窗帘关闭命令的添加。

⑪用同样的方法，添加其他所需的命令：2 秒后打开背景音乐、1.5 秒后关闭客厅灯 1、2 秒后关闭客厅灯 3、2 秒后关闭客厅灯 5。

⑫所有命令设置完成后，点击右上角的"保存"按钮，完成"约会场景"的设置。

⑬设置完成"约会场景"命令后，如需执行该场景，只需在手机 APP 主界面点击"约会场景"按键，进入遥控面板后点击"约会模式"命令即可。

⑭如果需要定时执行该约会场景，那么长按"约会模式"按键，从弹出的菜单中选择"定时开启"。

⑮设置开启时间为 17:30。

⑯设置"重复"选项为"周六",也可以按照个人需求设置。

⑰设置定时任务名称为"周六 17:30,开启约会场景"。

⑱各个选项设置完成后,点击"保存"按钮保存设置,完成定时开启约会场景的功能设置。

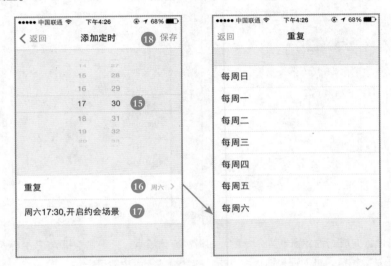

8.4　本章小结

本章为大家详细讲解了 3 个场景的设置:睡觉场景、回家场景和约会场景。通过这些场景的设置,对于各个设备之间自由搭配有了更深入的理解。读者可以根据自己的需要,选择适合自己的场景设置,创造出更多新鲜有趣的场景组合。

读书笔记

重要

📗 **读书笔记**

重要